KB087516

연산을 잡아야 수학이 쉬워진다!

기적의 중학연산

1B

1A

Ⅰ. 소인수분해
Ⅱ. 정수와 유리수
Ⅲ. 정수와 유리수의 계산
Ⅳ. 정수와 유리수의 혼합 계산

Ⅴ. 문자와 식
Ⅵ. 일차방정식
Ⅶ. 좌표평면과 그래프

기적의 중학연산 1B

초판 발행 2018년 12월 20일
초판 23쇄 2024년 1월 31일

지은이 기적학습연구소
발행인 이종원
발행처 길벗스쿨
출판사 등록일 2006년 6월 16일
주소 서울시 마포구 월드컵로 10길 56(서교동)
대표 전화 02)332-0931 | **팩스** 02)333-5409
홈페이지 www.gilbutschool.co.kr | **이메일** gilbut@gilbut.co.kr

기획 및 책임 편집 이선정(dinga@gilbut.co.kr)
제작 이준호, 손일순, 이진혁 | **영업마케팅** 문세연, 박선경, 박다슬 | **웹마케팅** 박달님, 이재윤
영업관리 김명자, 정경화 | **독자지원** 윤정아, 전희수 | **편집진행 및 교정** 이선정
표지 디자인 정보라 | **표지 일러스트** 김다예 | **내지 디자인** 정보라
전산편집 보문미디어 | **CTP 출력·인쇄** 영림인쇄 | **제본** 영림제본

ISBN 979-11-88991-80-8 54410
(길벗 도서번호 10657)
정가 10,000원

머리말

초등학교 땐 수학 좀 한다고 생각했는데, 중학교에 들어오니 갑자기 어렵나요?

숫자도 모자라 알파벳이 나오질 않나, 어려워서 쩔쩔매는 내 모습에 부모님도 당황하시죠. 어쩌다 수학이 어려워졌을까요?

게임을 한다고 생각해 보세요. 매뉴얼을 열심히 읽는다고 해서, 튜토리얼 한 판 한다고 해서 끝판 왕이 될 수 있는 건 아니에요. 다양한 게임의 룰과 변수를 이해하고, 아이템도 활용하고, 여러 번 연습해서 내공을 쌓아야 비로소 만렙이 되는 거죠.
중학교 수학도 똑같아요. 개념을 이해하고, 손에 딱 붙을 때까지 여러 번 연습해야만 어떤 문제든 거뜬히 해결할 수 있어요.

알고 보면 수학이 갑자기 어려워진 게 아니에요. 단지 어렵게 '느낄' 뿐이죠. 꼭 연습해야 할 기본을 건너뛴 채 곧장 문제부터 해결하려 덤벼들면 어렵게 느끼는 게 당연해요.

자, 이제부터 중학교 수학의 1레벨부터 차근차근 기본기를 다져 보세요. 정확하게 개념을 이해한 다음, 충분히 손에 익을 때까지 연습해야겠죠? 지겹고 짜증나는 몇 번의 위기를 잘 넘기고 나면 어느새 최종판에 도착한 자신을 보게 될 거예요.
기본부터 공부하는 것이 당장은 친구들보다 뒤처지는 것 같더라도 걱정하지 마세요. 나중에는 실력이 쑥쑥 늘어서 수학이 쉽고 재미있게 느껴질 테니까요.

길벗스쿨 기적학습연구소

3단계 다면학습으로 다지는 중학 수학

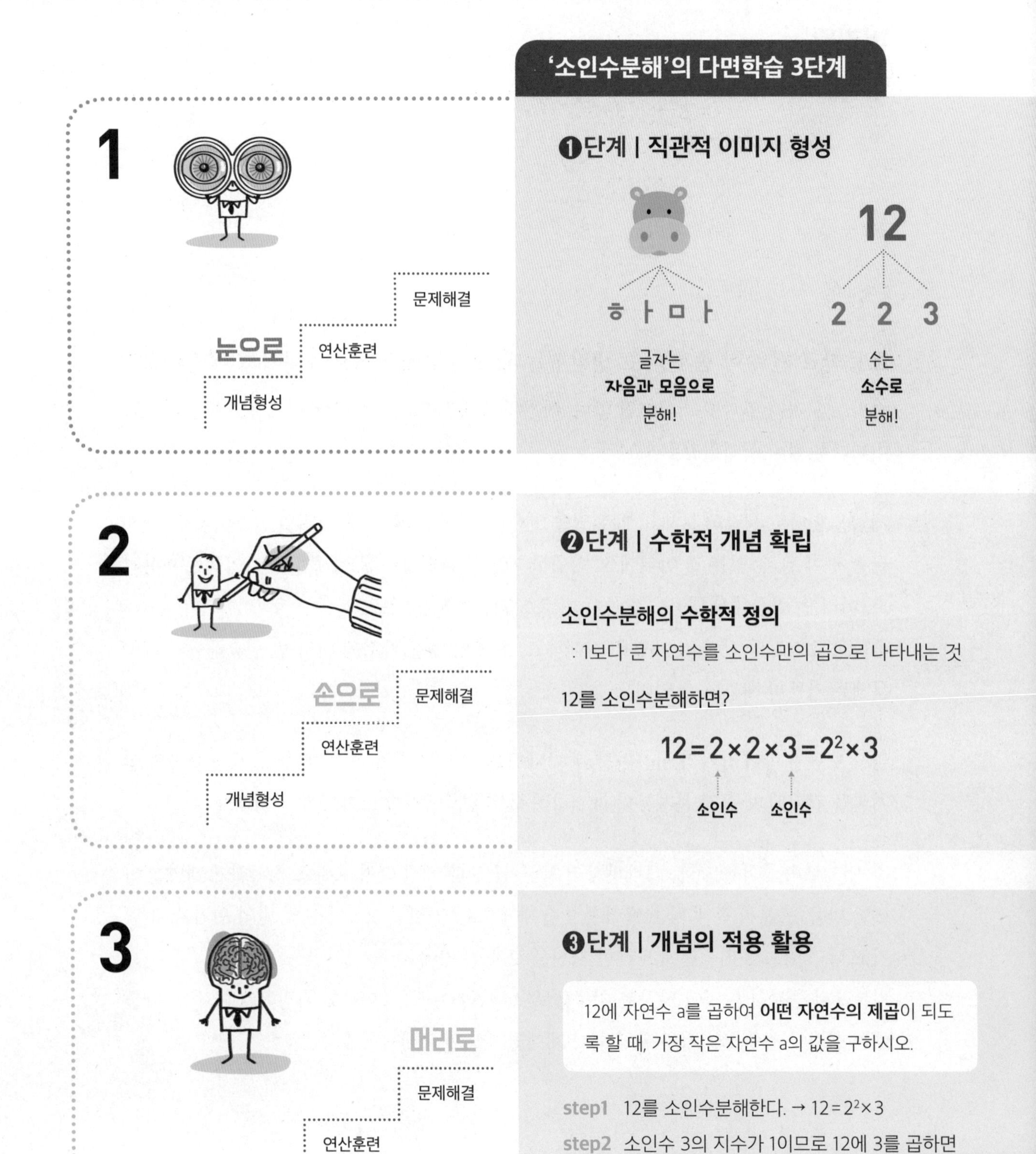

'소인수분해'의 다면학습 3단계

❶단계 | 직관적 이미지 형성

하마 → ㅎ ㅏ ㅁ ㅏ

글자는 **자음과 모음으로** 분해!

12 → 2 2 3

수는 **소수로** 분해!

❷단계 | 수학적 개념 확립

소인수분해의 수학적 정의

: 1보다 큰 자연수를 소인수만의 곱으로 나타내는 것

12를 소인수분해하면?

$$12=2\times2\times3=2^2\times3$$

(소인수, 소인수)

❸단계 | 개념의 적용 활용

12에 자연수 a를 곱하여 **어떤 자연수의 제곱**이 되도록 할 때, 가장 작은 자연수 a의 값을 구하시오.

step1 12를 소인수분해한다. → $12=2^2\times3$

step2 소인수 3의 지수가 1이므로 12에 3를 곱하면 $2^2\times3\times3=2^2\times3^2=36$으로 6의 제곱이 된다. 따라서 a=3이다.

눈으로 보고, 손으로 익히고, 머리로 적용하는 3단계 다면학습을 통해 직관적으로 이해한 개념을 수학적 언어로 표현하고 사용하면서 중학교 수학의 기본기를 다질 수 있습니다.

'사랑'이란 단어를 처음 들으면 어떤 사람은 빨간색 하트를, 또 다른 누군가는 어머니를 머릿속에 떠올립니다. '사랑'이란 단어에 개인의 다양한 경험과 사유가 더해지면서 구체적이고 풍부한 개념이 형성되는 것입니다.
그런데 학문적인 용어에 대해서는 직관적인 이미지를 무시하는 경향이 있습니다. 여러분은 '소인수분해'라는 단어를 들으면 어떤 이미지가 떠오르나요? 머릿속이 하얘지고 복잡한 수식만 둥둥 떠다니지 않나요? 바로 떠오르는 이미지가 없다면 아직 소인수분해의 개념이 제대로 형성되지 않은 것입니다. 소인수분해를 '소인수만의 곱으로 나타내는 것'이라는 딱딱한 설명으로만 접하면 수를 분해하는 원리를 이해하기 어렵습니다. 그러나 한글의 자음, 모음과 같이 기존에 알고 있던 지식과 비교하면서 시각적으로 이해하면 수의 구성을 직관적으로 이해할 수 있습니다. 이렇게 이미지화 된 개념을 추상적이고 논리적인 언어적 개념과 연결시키면 입체적인 지식 그물망을 형성할 수 있습니다.

눈으로만 이해한 개념은 아직 완전하지 않습니다. 스스로 소인수분해의 개념을 잘 이해했다고 생각해도 정확한 수학적 정의를 반복하여 적용하고 다루지 않으면 오개념이 형성되기 쉽습니다.

<소인수분해에서 오개념이 불러오는 실수>

$12 = 3\times4$ (×) ← 4는 합성수이다. **$12 = 1\times2^2\times3$ (×) ← 1은 소수도 합성수도 아니다.**

하나의 지식이 뇌에 들어와 정착하기까지는 여러 번 새겨 넣는 고착화 과정을 거쳐야 합니다. 이때 손으로 문제를 반복해서 풀어야 개념이 완성되고, 원리를 쉽게 이해할 수 있습니다. 소인수분해를 가지치기 방법이나 거꾸로 나눗셈 방법으로 여러 번 연습한 후, 자기에게 맞는 편리한 방법을 선택하여 자유자재로 풀 수 있을 때까지 훈련해야 합니다. 문제를 해결할 수 있는 무기를 만들고 다듬는 과정이라고 생각하세요.

개념과 연산을 통해 훈련한 내용만으로 활용 문제를 척척 해결하기는 어렵습니다. 그 내용을 어떻게 문제에 적용해야 할지 직접 결정하고 해결하는 과정이 남아 있기 때문입니다.
제곱인 수를 만드는 문제에서 첫 번째로 수행해야 할 것이 바로 소인수분해입니다. 앞에서 제대로 개념을 형성했다면 문제를 읽으면서 "수를 분해하여 구성 요소부터 파악해야만 제곱인 수를 만들기 위해 모자라거나 넘치는 것을 알 수 있다."라는 사실을 깨달을 수 있습니다.
실제 시험에 출제되는 문제는 이렇게 개념을 활용하여 한 단계를 거쳐야만 비로소 답을 구할 수 있습니다. 제대로 개념이 형성되어 있으면 문제를 접했을 때 어떤 개념이 필요한지 파악하여 적재적소에 적용하면서 해결할 수 있습니다. 따라서 다양한 유형의 문제를 접하고, 필요한 개념을 적용해 풀어 보면서 문제 해결 능력을 키우세요.

구성 및 학습설계 : 어떻게 볼까요?

1단계 눈으로 보는 VISUAL IDEA

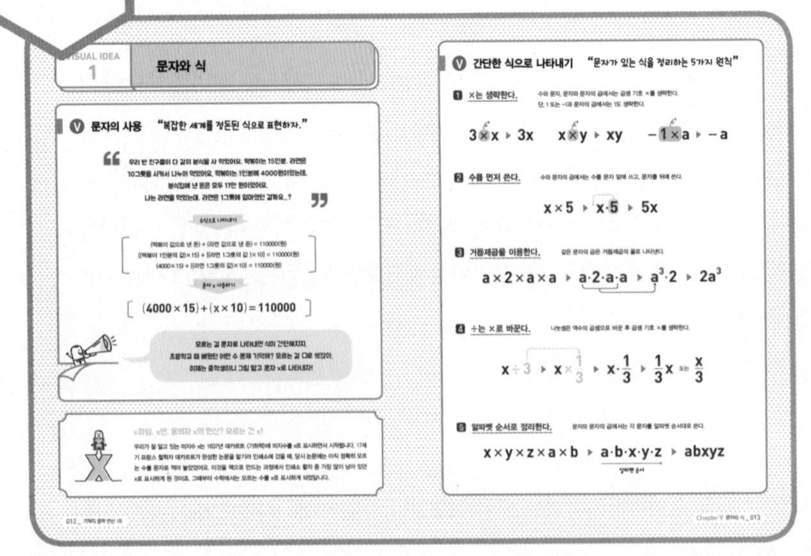
VISUAL IDEA 1 문자와 식

문자의 사용 "복잡한 세계를 정돈된 식으로 표현하자."

$(4000\times15)+(x\times10)=110000$

간단한 식으로 나타내기 "문자가 있는 식을 정리하는 5가지 원칙"

1 ×는 생략한다.

$3\times x \to 3x$ $x\times y \to xy$ $-1\times a \to -a$

2 수를 먼저 쓴다.

$x\times5 \to x\cdot5 \to 5x$

3 거듭제곱을 이용한다.

$a\times2\times a\times a \to a\cdot2\cdot a\cdot a \to a^3\cdot2 \to 2a^3$

4 ÷는 ×로 바꾼다.

$x\div3 \to x\times\frac{1}{3} \to x\cdot\frac{1}{3} \to \frac{1}{3}x$ 또는 $\frac{x}{3}$

5 알파벳 순서로 정리한다.

$x\times y\times z\times a\times b \to a\cdot b\cdot x\cdot y\cdot z \to abxyz$

문제 훈련을 시작하기 전 가벼운 마음으로 읽어 보세요.
나무가 아니라 숲을 보아야 해요. 하나하나 파고들어 이해하기보다 위에서 내려다 보듯 전체를 머릿속에 담아서 나만의 지식 그물망을 만들어 보세요.

2단계 손으로 익히는 ACT

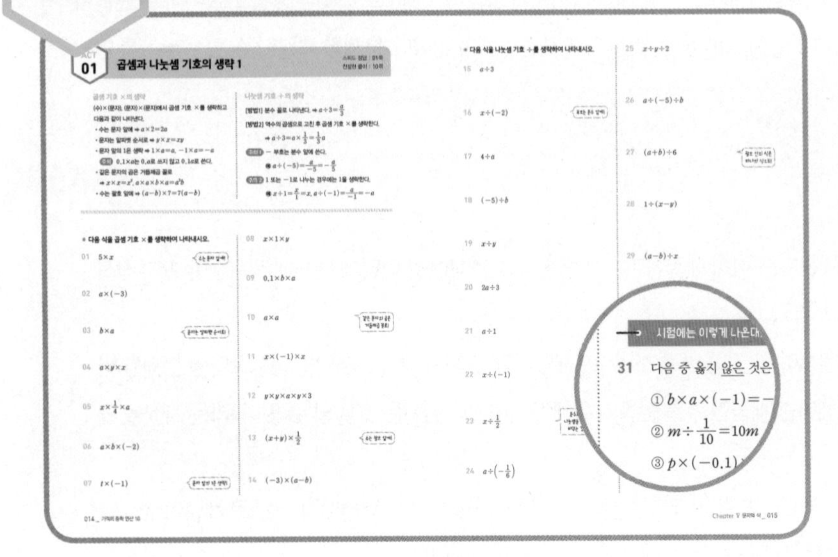
ACT 01 곱셈과 나눗셈 기호의 생략 1

시험에는 이렇게 나온대.

31 다음 중 옳지 않은 것은

① $b\times a\times(-1)=$

② $m\div\frac{1}{10}=10m$

③ $p\times(-0.1)$

개념을 꼼꼼히 읽은 후 손에 익을 때까지 문제를 반복해서 풀어요.
완전히 이해될 때까지 쓰고 지우면서 풀고 또 풀어 보세요.

시험에는 이렇게 나온대.

학교 시험에서 기초 연산이 어떻게 출제되는지 알 수 있어요. 모양은 다르지만 기초 연산과 똑같이 풀면 되는 문제로 구성되어 있어요.

3단계 머리로 적용하는 ACT+

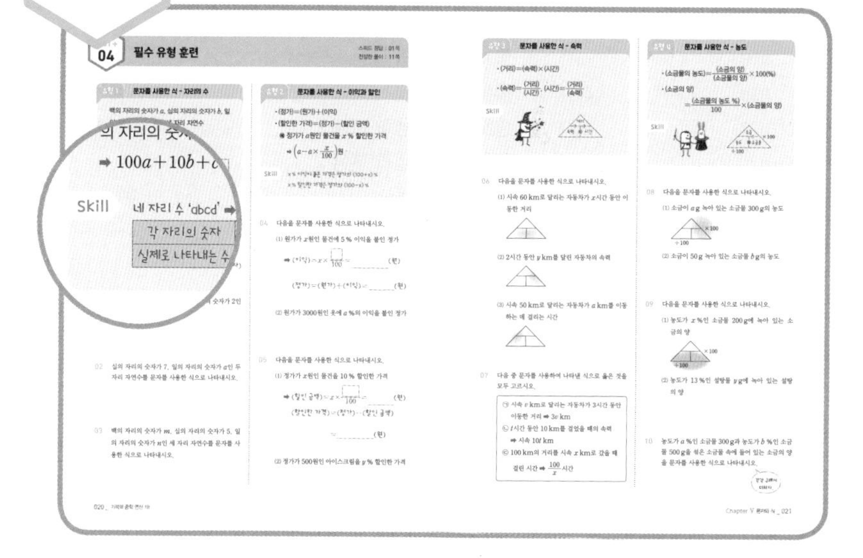

기초 연산 문제보다는 다소 어렵지만 꼭 익혀야 할 유형의 문제입니다. 차근차근 따라 풀 수 있도록 설계되어 있으므로 개념과 Skill을 적극 활용하세요.

Skill

문제 풀이의 tip을 말랑말랑한 표현으로 알려줍니다. 딱딱한 수식보다 효과적으로 유형을 이해할 수 있어요.

Test 단원평가

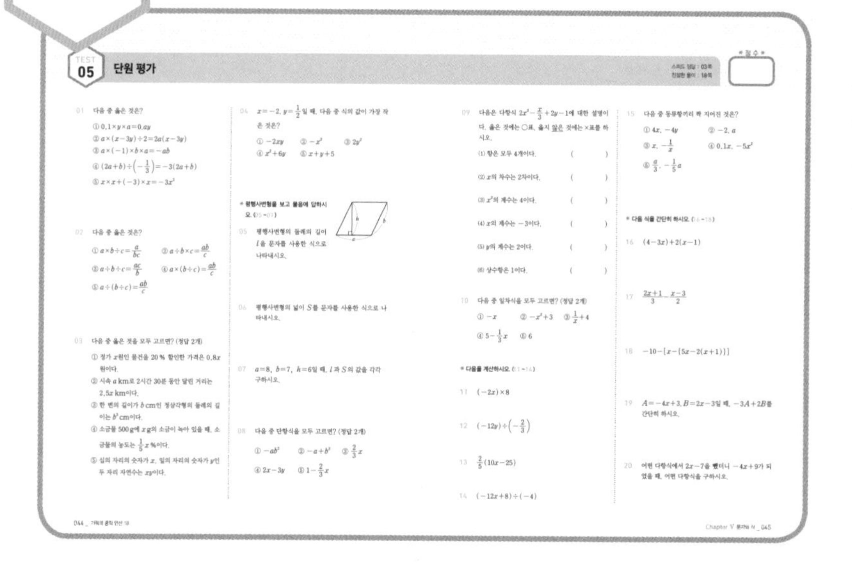

점수도 중요하지만, 얼마나 이해하고 있는지를 아는 것이 더 중요해요.
배운 내용을 꼼꼼하게 확인하고, 틀린 문제는 앞의 ACT나 ACT+로 다시 돌아가 한 번 더 연습하세요.

목차와 스케줄러

Chapter V 문자와 식

Chapter VI 일차방정식

Chapter VII 좌표평면과 그래프

"하루에 공부할 양을 정해서, 매일매일 꾸준히 풀어요."

일주일에 5일 동안 공부하는 것을 목표로 합니다. 공부할 날짜를 적고, 일정을 지킬 수 있도록 노력하세요.

ACT 01	ACT 02	ACT 03	ACT+ 04	ACT 05	ACT 06
월 일	월 일	월 일	월 일	월 일	월 일
ACT+ 07	ACT 08	ACT 09	ACT 10	ACT 11	ACT 12
월 일	월 일	월 일	월 일	월 일	월 일
ACT 13	ACT+ 14	TEST 05	ACT 15	ACT 16	ACT 17
월 일	월 일	월 일	월 일	월 일	월 일
ACT 18	ACT 19	ACT 20	ACT 21	ACT 22	ACT 23
월 일	월 일	월 일	월 일	월 일	월 일
ACT+ 24	ACT 25	ACT+ 26	ACT+ 27	ACT+ 28	TEST 06
월 일	월 일	월 일	월 일	월 일	월 일
ACT 29	ACT 30	ACT 31	ACT 32	ACT 33	ACT+ 34
월 일	월 일	월 일	월 일	월 일	월 일
ACT 35	ACT 36	ACT 37	ACT 38	ACT+ 39	ACT 40
월 일	월 일	월 일	월 일	월 일	월 일
ACT 41	ACT 42	ACT 43	ACT+ 44	ACT+ 45	TEST 07
월 일	월 일	월 일	월 일	월 일	월 일

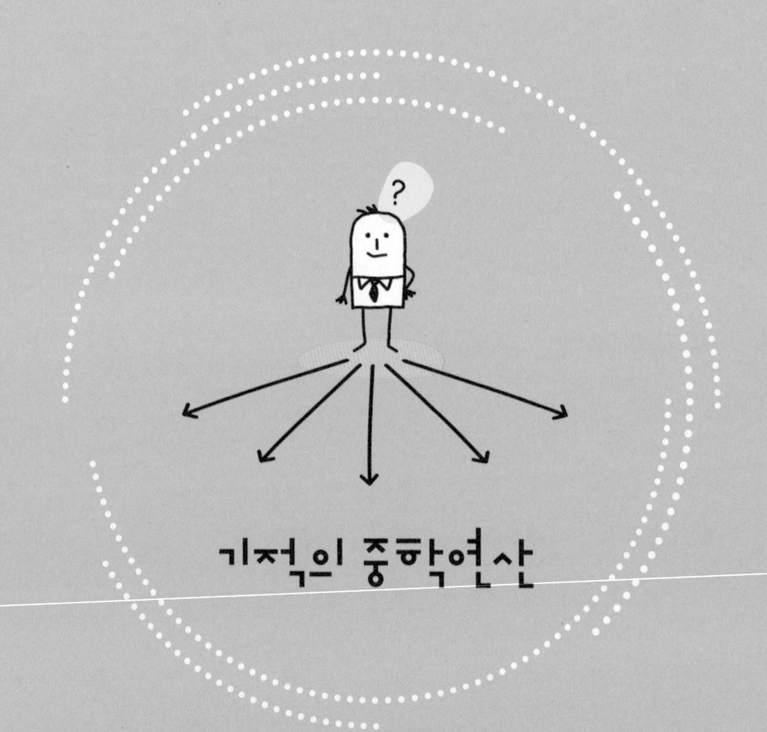
?
기적의 중학연산

Chapter V

문자와 식

keyword

문자의 사용, ×와 ÷ 기호의 생략, 식의 값,
다항식, 단항식, 일차식, 동류항, 일차식의 계산

VISUAL IDEA 1

문자와 식

V 문자의 사용 "복잡한 세계를 정돈된 식으로 표현하자."

"우리 반 친구들이 다 같이 분식을 사 먹었어요. 떡볶이는 15인분, 라면은 10그릇을 시켜서 나누어 먹었어요. 떡볶이는 1인분에 4000원이었는데, 분식집에 낸 돈은 모두 11만 원이었어요. 나는 라면을 먹었는데, 라면은 1그릇에 얼마였던 걸까요...?"

수식으로 나타내기

(떡볶이 값으로 낸 돈) + (라면 값으로 낸 돈) = 110000(원)

{(떡볶이 1인분의 값)×15} + {(라면 1그릇의 값)×10} = 110000(원)

(4000×15) + {(라면 1그릇의 값)×10} = 110000(원)

문자 x 사용하기

$$(4000\times15)+(x\times10)=110000$$

모르는 걸 문자로 나타내면 식이 간단해지지.
초등학교 때 배웠던 어떤 수 문제 기억해? 모르는 걸 □로 썼잖아.
이제는 중학생이니 그림 말고 문자 x로 나타내자!

x파일, x맨, 용의자 x의 헌신? 모르는 건 x!

우리가 잘 알고 있는 미지수 x는 1637년 데카르트 〈기하학〉에 미지수를 x로 표시하면서 시작됩니다. 17세기 프랑스 철학자 데카르트가 완성한 논문을 맡기러 인쇄소에 갔을 때, 당시 논문에는 아직 정확히 모르는 수를 문자로 적어 놓았었어요. 이것을 책으로 만드는 과정에서 인쇄소 활자 중 가장 많이 남아 있던 x로 표시하게 된 것이죠. 그때부터 수학에서는 모르는 수를 x로 표시하게 되었답니다.

V 간단한 식으로 나타내기 "문자가 있는 식을 정리하는 5가지 원칙"

1 ×는 생략한다.

수와 문자, 문자와 문자의 곱에서는 곱셈 기호 ×를 생략한다.
단, 1 또는 −1과 문자의 곱에서는 1도 생략한다.

$3 \times x$ ▶ $3x$ $x \times y$ ▶ xy $-1 \times a$ ▶ $-a$

2 수를 먼저 쓴다.

수와 문자의 곱에서는 수를 문자 앞에 쓰고, 문자를 뒤에 쓴다.

$x \times 5$ ▶ $x \cdot 5$ ▶ $5x$

3 거듭제곱을 이용한다.

같은 문자의 곱은 거듭제곱의 꼴로 나타낸다.

$a \times 2 \times a \times a$ ▶ $a \cdot 2 \cdot a \cdot a$ ▶ $a^3 \cdot 2$ ▶ $2a^3$

4 ÷는 ×로 바꾼다.

나눗셈은 역수의 곱셈으로 바꾼 후 곱셈 기호 ×를 생략한다.

$x \div 3$ ▶ $x \times \frac{1}{3}$ ▶ $x \cdot \frac{1}{3}$ ▶ $\frac{1}{3}x$ 또는 $\frac{x}{3}$

5 알파벳 순서로 정리한다.

문자와 문자의 곱에서는 각 문자를 알파벳 순서대로 쓴다.

$x \times y \times z \times a \times b$ ▶ $a \cdot b \cdot x \cdot y \cdot z$ ▶ $abxyz$

알파벳 순서

ACT 01

곱셈과 나눗셈 기호의 생략 1

스피드 정답 : 01쪽
친절한 풀이 : 10쪽

곱셈 기호 ×의 생략

(수)×(문자), (문자)×(문자)에서 곱셈 기호 ×를 생략하고 다음과 같이 나타낸다.

- 수는 문자 앞에 ➡ $a \times 2 = 2a$
- 문자는 알파벳 순서로 ➡ $y \times x = xy$
- 문자 앞의 1은 생략 ➡ $1 \times a = a$, $-1 \times a = -a$

  주의 $0.1 \times a$는 $0.a$로 쓰지 않고 $0.1a$로 쓴다.
- 같은 문자의 곱은 거듭제곱 꼴로

  ➡ $x \times x = x^2$, $a \times a \times b \times a = a^3b$
- 수는 괄호 앞에 ➡ $(a-b) \times 7 = 7(a-b)$

나눗셈 기호 ÷의 생략

[방법1] 분수 꼴로 나타낸다. ➡ $a \div 3 = \frac{a}{3}$

[방법2] 역수의 곱셈으로 고친 후 곱셈 기호 ×를 생략한다.

➡ $a \div 3 = a \times \frac{1}{3} = \frac{1}{3}a$

주의 1 − 부호는 분수 앞에 쓴다.

예 $a \div (-5) = \frac{a}{-5} = -\frac{a}{5}$

주의 2 1 또는 −1로 나누는 경우에는 1을 생략한다.

예 $x \div 1 = \frac{x}{1} = x$, $a \div (-1) = \frac{a}{-1} = -a$

---

* 다음 식을 곱셈 기호 ×를 생략하여 나타내시오.

01 $5 \times x$ (수는 문자 앞에!)

02 $a \times (-3)$

03 $b \times a$ (문자는 알파벳 순서로!)

04 $a \times y \times x$

05 $x \times \frac{1}{4} \times a$

06 $a \times b \times (-2)$

07 $t \times (-1)$ (문자 앞의 1은 생략!)

08 $x \times 1 \times y$

09 $0.1 \times b \times a$

10 $a \times a$ (같은 문자의 곱은 거듭제곱 꼴로!)

11 $x \times (-1) \times x$

12 $y \times y \times a \times y \times 3$

13 $(x+y) \times \frac{1}{2}$ (수는 괄호 앞에!)

14 $(-3) \times (a-b)$

* 다음 식을 나눗셈 기호 ÷를 생략하여 나타내시오.

15 $a \div 3$

16 $x \div (-2)$

부호는 분수 앞에!

17 $4 \div a$

18 $(-5) \div b$

19 $x \div y$

20 $2a \div 3$

21 $a \div 1$

22 $x \div (-1)$

23 $x \div \frac{1}{2}$

분수로 나눌 때에는 나눗셈을 역수의 곱셈으로 바꾸는 것이 편리해.

24 $a \div \left(-\frac{1}{6}\right)$

25 $x \div y \div 2$

26 $a \div (-5) \div b$

27 $(a+b) \div 6$

괄호 안의 식은 하나의 식으로!

28 $1 \div (x-y)$

29 $(a-b) \div x$

30 $(a+2b) \div (2x-y)$

시험에는 이렇게 나온대.

31 다음 중 옳지 <u>않은</u> 것은?

① $b \times a \times (-1) = -ab$

② $m \div \frac{1}{10} = 10m$

③ $p \times (-0.1) \times p = -0.1p^2$

④ $4 \div a \div b = \frac{4b}{a}$

⑤ $x \times y \times x \times \frac{1}{3} \times y \times y = \frac{1}{3}x^2y^3$

ACT 02

곱셈과 나눗셈 기호의 생략 2

스피드 정답 : 01쪽
친절한 풀이 : 10쪽

곱셈 기호 ×와 나눗셈 기호 ÷가 섞여 있을 때 ×, ÷기호의 생략

- 나눗셈을 역수의 곱셈으로 고친 후 앞에서부터 차례로 곱셈 기호 ×를 생략하여 나타낸다.
  ➡ $2\times a\div x=2\times a\times\frac{1}{x}=\frac{2a}{x}$
- 괄호가 있을 때에는 괄호 안을 먼저 간단히 한다. ➡ $a\div(b\div3)=a\div\frac{b}{3}=a\times\frac{3}{b}=\frac{3a}{b}$
- +, −, ×, ÷ 기호가 섞여 있을 때 +, − 기호는 생략할 수 없다.
  ➡ $a\div(-4)+x\times5=\frac{a}{-4}+x\times5=-\frac{1}{4}a+5x$

＊ **다음 식을 기호 ×, ÷를 생략하여 나타내시오.**

나눗셈을 역수의 곱셈으로 먼저 고치자.

01 $2\times a\div b$

02 $x\times y\div z$

03 $a\div\left(-\frac{1}{3}\right)\times x$

04 $a\div b\div c\times(-1)$

05 $a\times a\div3\times b$

06 $x\times x\times x\div y\div y$

07 $a\div b\times x\div y$

괄호 안을 먼저 간단히 하자.

08 $a\times(b\div c)$

09 $5\div(b\times a)$

10 $x\div(a\times y)$

11 $a\div(2\div x)$

12 $(-7)\div(y\div a)$

13 $x\div\left(y\times\frac{1}{z}\right)$

14 $b\times4\div(a\times a)$

15 $a+3\times b$

+, − 기호는 생략하면 안 돼!

16 $b-5\times x$

17 $x+y\div(-2)$

18 $y-(-4)\div a$

19 $y\div x+a$

20 $a\times 2+3\times b$

21 $3\times a-b\div 2$

22 $a\div 3+4\div b$

23 $a\div b+x\times(-1)$

24 $y\div x\times 2-c\div\frac{1}{6}$

25 $a\times(-4)+x\times x$

26 $x\times\frac{1}{3}-a\times a\times a$

27 $a\times 5+(x-y)\div 5$

28 $(a+b)\times(-3)+a\times(-1)\div b$

29 $x\times x\times x-y\times z\div x$

30 $a\times\left(-\frac{1}{2}\right)\times a+b\div a\div a$

시험에는 이렇게 나온대.

31 다음 중 기호 ×, ÷를 생략하여 나타내었을 때, 나머지 넷과 다른 것은?

① $x\times\frac{1}{y}\div z$ ② $x\div y\div z$

③ $(x\div y)\div z$ ④ $x\div(y\div z)$

⑤ $x\div(y\times z)$

ACT 03

문자를 사용한 식 만들기

스피드 정답 : 01쪽
친절한 풀이 : 11쪽

❶ 문제의 뜻을 파악하여 규칙을 찾는다.
❷ ❶에서 찾은 규칙에 맞게 수와 문자를 사용하여 식을 세운다.

문자를 사용한 식은 Chapter Ⅵ의 일차방정식의 활용에서도 이용되므로 간단히 나타내는 문자식부터 완벽하게 연습하자.

예 5000원으로 x원인 공책을 사고 남은 거스름돈
❶ (거스름돈)=(지불한 금액)−(물건의 가격)
❷ 거스름돈 : $(5000-x)$원

주의 문자를 사용하여 식을 세울 때에는 단위를 빠뜨리지 않도록 한다.

01 1000원짜리 배 a개의 가격을 알아보려고 한다. □ 안에 알맞은 것을 쓰시오.

배 1개의 가격 ➡ 1000×□(원)
배 2개의 가격 ➡ 1000×□(원)
배 3개의 가격 ➡ 1000×□(원)
배 4개의 가격 ➡ 1000×□(원)
⋮ ⋮
배 a개의 가격 ➡ 1000×□(원)

* **다음을 문자를 사용한 식으로 나타내시오.**

02 한 개에 300원인 사탕 x개의 가격
➡ (사탕 1개의 가격)×(사탕의 개수)
=________(원)

03 한 개에 500원인 지우개 b개의 가격

04 한 송이에 y원인 장미 10송이의 가격

05 한 장에 m원인 우표 7장의 가격

06 12자루에 x원인 연필 한 자루의 가격
➡ (연필 12자루의 가격)÷(연필의 수)
=________(원)

07 b개에 10000원인 사과 1개의 가격

08 10봉지에 y원인 과자 1봉지의 가격

09 한 개에 800원인 사과 x개와 한 개에 700원인 감 y개의 가격
➡ (사과 1개의 가격)×(사과의 개수)
+(감 1개의 가격)×(감의 개수)
=________(원)

10 한 개에 a원인 빵 3개와 한 개에 750원인 우유 b개의 가격

11 한 개에 500원인 튀김 x개와 한 줄에 y원인 김밥 4줄의 가격

12 현재 x살인 지석이의 8년 후의 나이

➡ (현재 지석이의 나이)$+8$

$=$ ______ (살)

13 현재 a살인 하린이의 3년 전의 나이

14 현재 14살인 서현이보다 y살 많은 오빠의 나이

15 x원인 농구공을 사고 7000원을 내었을 때의 거스름돈

➡ (지불한 금액)$-$(농구공의 가격)

$=$ ______ (원)

16 3000원인 슬리퍼를 사고 a원을 내있을 때의 거스름돈

17 한 개에 600원인 음료수 x개를 사고 5000원을 내었을 때 거스름돈

➡ (지불한 금액)$-$(음료수 x개의 가격)

$=$ ______ (원)

18 한 개에 y원인 아이스크림 4개를 사고 6000원을 내었을 때의 거스름돈

19 한 개에 1500원인 초콜릿 k개를 사고 10000원을 내었을 때의 거스름돈

20 a원의 10 %

➡ $a\times\frac{10}{100}=$ ______ (원)

21 x g의 5 %

22 b개의 20 %

23 50명의 y %

➡ $50\times\frac{\square}{100}=$ ______ (명)

24 300쪽의 p %

25 2000 km의 q %

시험에는 이렇게 나온대.

26 다음 중 옳은 것을 모두 고르면? (정답 2개)

① 한 권에 2000원인 스케치북 a권의 가격은 $2000a$원이다.

② 5개에 b원인 복숭아 한 개의 가격은 $5b$원이다.

③ 8000원으로 한 자루에 300원인 볼펜 x자루를 사고 남은 돈은 $(8000-300x)$원이다.

④ 한 송이에 p원인 포도 10송이와 한 개에 q원인 복숭아 4개의 가격은 $\left(\frac{p}{10}+\frac{q}{4}\right)$원이다.

⑤ 500 kg의 y %는 $\frac{y}{5}$ kg이다.

ACT+ 04

필수 유형 훈련

스피드 정답 : 01쪽
친절한 풀이 : 11쪽

유형 1 문자를 사용한 식 - 자리의 수

백의 자리의 숫자가 a, 십의 자리의 숫자가 b, 일의 자리의 숫자가 c인 세 자리 자연수
➡ $100a+10b+c$

Skill 네 자리 수 'abcd' ➡ 1000a+100b+10c+d

각 자리의 숫자	a	b	c	d
실제로 나타내는 수	1000a	100b	10c	d

01 다음을 문자를 사용한 식으로 나타내시오.

(1) 십의 자리의 숫자가 a, 일의 자리의 숫자가 b인 두 자리 자연수
➡ (십의 자리의 숫자)$\times 10$
+(일의 자리의 숫자)
= ______

(2) 십의 자리의 숫자가 x, 일의 자리의 숫자가 2인 두 자리 자연수

02 십의 자리의 숫자가 7, 일의 자리의 숫자가 a인 두 자리 자연수를 문자를 사용한 식으로 나타내시오.

03 백의 자리의 숫자가 m, 십의 자리의 숫자가 5, 일의 자리의 숫자가 n인 세 자리 자연수를 문자를 사용한 식으로 나타내시오.

유형 2 문자를 사용한 식 - 이익과 할인

• (정가)=(원가)+(이익)
• (할인한 가격)=(정가)−(할인 금액)
예 정가가 a원인 물건을 x % 할인한 가격
➡ $\left(a-a\times\frac{x}{100}\right)$원

Skill x % 이익이 붙은 가격은 정가의 (100+x) %
x % 할인한 가격은 정가의 (100−x) %

04 다음을 문자를 사용한 식으로 나타내시오.

(1) 원가가 x원인 물건에 5 % 이익을 붙인 정가
➡ (이익)$=x\times\frac{\square}{100}=$ ______ (원)
(정가)=(원가)+(이익)= ______ (원)

(2) 원가가 3000원인 옷에 a %의 이익을 붙인 정가

05 다음을 문자를 사용한 식으로 나타내시오.

(1) 정가가 x원인 물건을 10 % 할인한 가격
➡ (할인 금액)$=x\times\frac{\square}{100}=$ ______ (원)
(할인한 가격)=(정가)−(할인 금액)
= ______ (원)

(2) 정가가 500원인 아이스크림을 y % 할인한 가격

유형 3 문자를 사용한 식 - 속력

• (거리)=(속력)×(시간)

• (속력)=$\frac{(거리)}{(시간)}$, (시간)=$\frac{(거리)}{(속력)}$

Skill

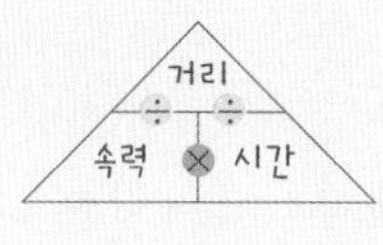

06 다음을 문자를 사용한 식으로 나타내시오.

(1) 시속 60 km로 달리는 자동차가 x시간 동안 이동한 거리

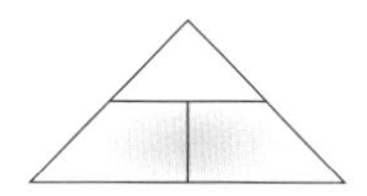

(2) 2시간 동안 y km를 달린 자동차의 속력

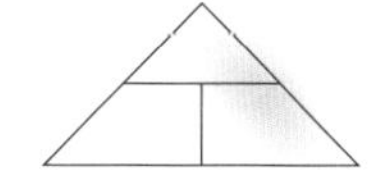

(3) 시속 50 km로 달리는 자동차가 a km를 이동하는 데 걸리는 시간

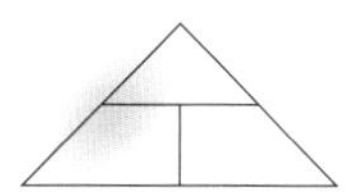

07 다음 중 문자를 사용하여 나타낸 식으로 옳은 것을 모두 고르시오.

㉠ 시속 v km로 달리는 자동차가 3시간 동안 이동한 거리 ➡ $3v$ km ㉡ t시간 동안 10 km를 걸었을 때의 속력 ➡ 시속 $10t$ km ㉢ 100 km의 거리를 시속 x km로 갔을 때 걸린 시간 ➡ $\frac{100}{x}$시간

유형 4 문자를 사용한 식 - 농도

• (소금물의 농도)=$\frac{(소금의 양)}{(소금물의 양)}\times 100(\%)$

• (소금의 양)

$=\frac{(소금물의 농도 \%)}{100}\times$(소금물의 양)

Skill

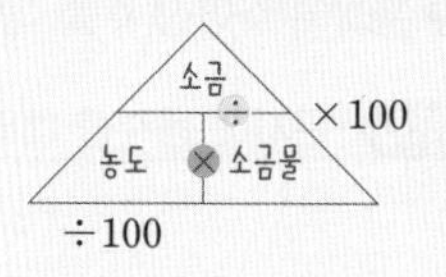

08 다음을 문자를 사용한 식으로 나타내시오.

(1) 소금이 a g 녹아 있는 소금물 300 g의 농도

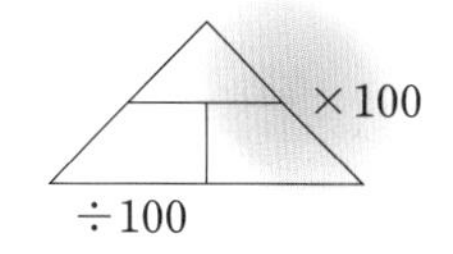

(2) 소금이 50 g 녹아 있는 소금물 b g의 농도

09 다음을 문자를 사용한 식으로 나타내시오.

(1) 농도가 x %인 소금물 200 g에 녹아 있는 소금의 양

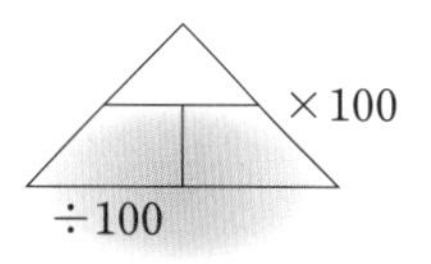

(2) 농도가 13 %인 설탕물 y g에 녹아 있는 설탕의 양

10 농도가 a %인 소금물 300 g과 농도가 b %인 소금물 500 g을 섞은 소금물 속에 들어 있는 소금의 양을 문자를 사용한 식으로 나타내시오.

각각 구해서 더하자.

ACT 05

식의 값 구하기 1_미지수가 1개일 때

스피드 정답 : 01쪽
친절한 풀이 : 11쪽

대입 문자를 사용한 식에서 문자 대신 수를 바꾸어 넣는 것

식의 값 구하기

❶ 식에 생략된 ×, ÷ 기호를 다시 쓴다.

❷ 문자에 주어진 수를 대입하여 계산한다.

대입

$a=3$일 때, $5a=5\times3=15$

생략된 기호

주의 문자에 음수를 대입할 때는 반드시 괄호를 사용한다. 예 $x=-1$일 때, $2x+5$의 값 ➡ $2x+5=2\times(-1)+5=3$

* $x=3$일 때, 다음 식의 값을 구하시오.

01 $2x-5=2\times x-5$
$=2\times\square-5$
$=\square-5=\square$

02 $5x$

03 $-\frac{1}{3}x$

04 $-x+2$

05 $4x+1$

06 $10-3x$

07 $7+\frac{1}{6}x$

* $a=-4$일 때, 다음 식의 값을 구하시오.

음수를 대입할 때는 반드시 괄호를 사용해야 함을 잊지 말자.

08 $3a+1=3\times a+1$
$=3\times(\square)+1$
$=\square+1=\square$

09 $4a$

10 $-7a$

11 $-2a+6$

12 $\frac{3}{2}a+5$

13 $3-8a$

14 $12+4a$

* $x=-2$일 때, 다음 식의 값을 구하시오.

15 $4x^2=4\times x^2=4\times(\square)^2$
$=4\times\square=\square$

16 $(-x)^3$

17 $-3x^2$

18 x^2-2x

* $x=\frac{2}{3}$일 때, 다음 식의 값을 구하시오.

19 $-x^2=-\left(\square\right)^2=\square$

거듭제곱에 분수를 대입할 때도 반드시 괄호를 사용해야 해.

20 $(-x)^2$

21 $3x^3$

22 $9x^2+6x$

* $a=6$일 때, 다음 식의 값을 구하시오.

23 $\frac{2}{a}=\frac{2}{\square}=\square$

24 $-\frac{4}{a}$

25 $\frac{3}{2a}$

* $a=\frac{3}{2}$일 때, 다음 식의 값을 구하시오.

26 $\frac{6}{a}=6\div a=6\div\square=6\times\square=\square$

분모에 분수를 대입할 때는 생략된 나눗셈 기호를 다시 써야 해.

27 $-\frac{9}{2a}$

28 $6a+\frac{3}{a}$

시험에는 이렇게 나온대.

29 $x=-\frac{1}{3}$일 때, 다음 중 식의 값이 가장 큰 것은?

① $-\frac{1}{x}$ ② $-\frac{5}{3x}$ ③ $\frac{1}{x^2}$
④ $-x$ ⑤ x^2

ACT 06

식의 값 구하기 2_미지수가 2개일 때

스피드 정답 : 02쪽
친절한 풀이 : 12쪽

- 문자에 수를 대입할 때에는 생략된 곱셈 기호를 다시 쓴다.
- 문자에 음수를 대입할 때에는 반드시 괄호를 사용한다.
- 문자에 분수를 대입할 때에는 생략된 나눗셈 기호를 다시 쓴다.

x=3, y=−2일 때
3x+2y=3×3+2×(−2)=5
(3, −2, 생략된 기호, 괄호)

* $x=2$, $y=-1$일 때, 다음 식의 값을 구하시오.

01 $4x-y=4\times\square-(\square)=\square$

02 $3xy$

03 $-5xy$

04 $x+y$

05 $2x-3y$

06 $\frac{4}{x}-\frac{5}{y}$

07 x^2y

* $a=-3$, $b=4$일 때, 다음 식의 값을 구하시오.

08 $a^2+b^2=(\square)^2+\square^2=\square$

09 $(a-b)^2$

10 $a(a+b)$

11 $b(a-b)$

12 $\frac{2a+4}{b}$

13 $\frac{-b-5}{2a}$

14 $\frac{3a-1}{-b+2}$

* $x=-\frac{1}{2}$, $y=\frac{2}{3}$일 때, 다음 식의 값을 구하시오.

15 $2x-3y=2\times(\square)-3\times\square$
$=\square-\square=\square$

16 $9xy$

17 $-12xy$

18 $6x+9y$

19 $x-12y$

20 $4x+\frac{1}{2}y$

21 xy^2

22 $4x^2+9y^2$

* $a=\frac{3}{4}$, $b=-\frac{1}{5}$일 때, 다음 식의 값을 구하시오.

23 $\frac{3}{a}+\frac{1}{b}=3\div a+1\div b$
$=3\div\square+1\div(\square)$
$=3\times\square+1\times(\square)$
$=\square+(\square)=\square$

24 $\frac{1}{a}+10b$

25 $4a-\frac{2}{b}$

26 $\frac{6}{a}-\frac{5}{b}$

시험에는 이렇게 나온대.

27 $x=2$, $y=-\frac{1}{4}$일 때, $2xy-\frac{x^2}{y}$의 값은?

① -4 ② -2 ③ $\frac{1}{2}$
④ 8 ⑤ 15

ACT+ 07 필수 유형 훈련

스피드 정답 : 02쪽
친절한 풀이 : 13쪽

유형 1 정사각형의 둘레의 길이와 넓이

- (정사각형의 둘레의 길이)$=4\times$(한 변의 길이)
- (정사각형의 넓이)$=$(한 변의 길이)^2

01 한 변의 길이가 a인 정사각형의 둘레의 길이를 l이라고 할 때, l의 값을 구하시오.

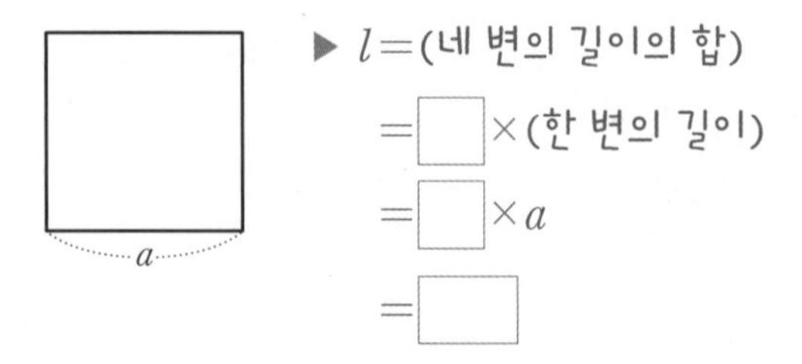

▶ $l=$(네 변의 길이의 합)
$=$☐$\times$(한 변의 길이)
$=$☐$\times a$
$=$☐

(1) $a=2$일 때, l의 값은?

(2) $a=3$일 때, l의 값은?

(3) $a=5$일 때, l의 값은?

02 한 변의 길이가 x인 정사각형의 넓이를 S라고 할 때, S의 값을 구하시오.

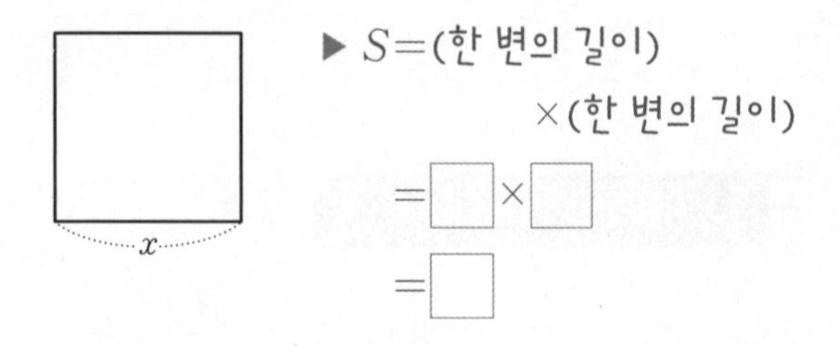

▶ $S=$(한 변의 길이)$\times$(한 변의 길이)
$=$☐$\times$☐
$=$☐

(1) $x=2$일 때, S의 값은?

(2) $x=3$일 때, S의 값은?

(3) $x=7$일 때, S의 값은?

유형 2 직사각형의 둘레의 길이와 넓이

- (직사각형의 둘레의 길이)
 $=2\times\{$(가로의 길이)$+$(세로의 길이)$\}$
- (직사각형의 넓이)$=$(가로의 길이)$\times$(세로의 길이)

※ 가로의 길이가 a, 세로의 길이가 b인 직사각형의 둘레의 길이를 l, 넓이를 S라고 할 때, 물음에 답하시오. (03~04)

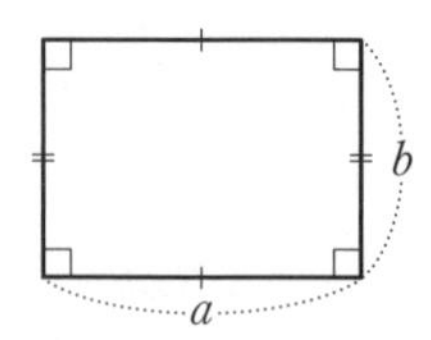

03 직사각형의 둘레의 길이를 문자를 사용한 식으로 나타내고, l의 값을 구하시오.

▶ $l=2\times\{$(가로의 길이)$+$(세로의 길이)$\}$
$=2\times($☐$+$☐$)$
$=$☐

(1) $a=3$, $b=2$일 때, l의 값은?

(2) $a=7$, $b=4$일 때, l의 값은?

04 직사각형의 넓이를 문자를 사용한 식으로 나타내고, S의 값을 구하시오.

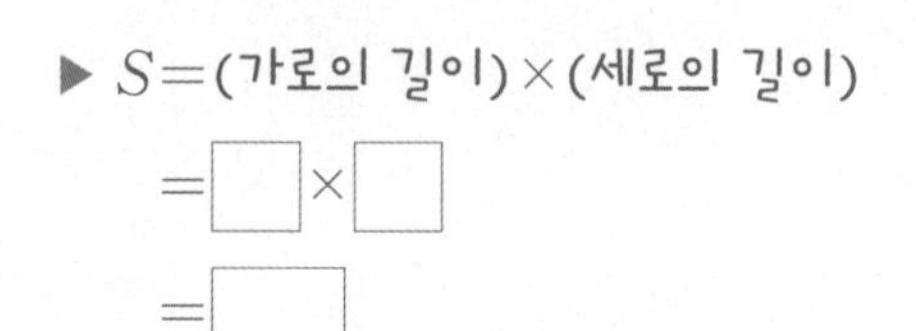

▶ $S=$(가로의 길이)$\times$(세로의 길이)
$=$☐$\times$☐
$=$☐

(1) $a=5$, $b=4$일 때, S의 값은?

(2) $a=6$, $b=8$일 때, S의 값은?

유형 3 도형의 넓이

• (삼각형의 넓이) $=\frac{1}{2}\times$(밑변의 길이)$\times$(높이)

• (사다리꼴의 넓이)
$=\frac{1}{2}\times$\{(윗변의 길이)$+$(아랫변의 길이)\}$\times$(높이)

• (평행사변형의 넓이)$=$(밑변의 길이)$\times$(높이)

• (마름모의 넓이)
$=\frac{1}{2}\times$(한 대각선의 길이)$\times$(다른 대각선의 길이)

Skill

도형의 넓이를 문자를 사용한 식으로 나타내는 문제가 많이 나오지!
도형의 넓이 공식을 정확하게 외워두는 것이 좋아.

* 다음 도형의 넓이를 문자를 사용한 식으로 나타내고, 넓이 S의 값을 구하시오. (05 ~ 08)

05

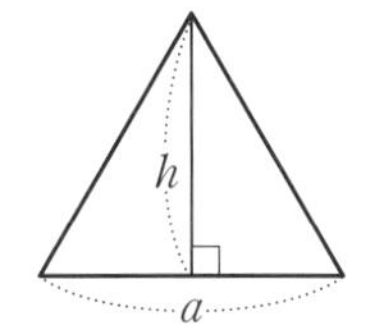

▶ $S=\frac{1}{2}\times$(밑변의 길이)$\times$(높이)
$=\frac{1}{2}\times\square\times\square=\square$

(1) $a=5$, $h=4$일 때, S의 값은?

(2) $a=6$, $h=10$일 때, S의 값은?

06

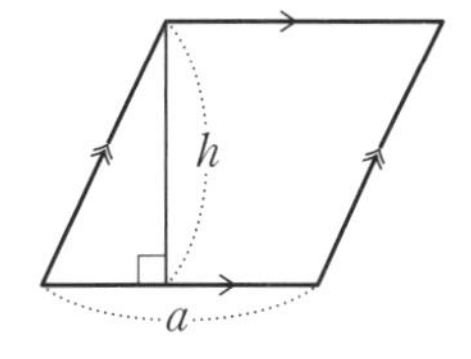

▶ $S=$(밑변의 길이)$\times$(높이)
$=\square\times\square=\square$

(1) $a=5$, $h=3$일 때, S의 값은?

(2) $a=4$, $h=7$일 때, S의 값은?

07

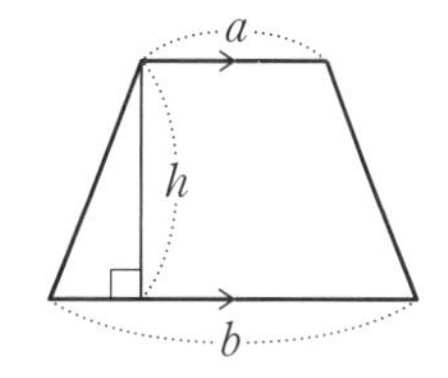

▶ $S=\frac{1}{2}\times$\{(윗변의 길이)$+$(아랫변의 길이)\}
$\times$(높이)
$=\frac{1}{2}\times(\square+\square)\times\square=\square$

(1) $a=2$, $b=3$, $h=4$일 때, S의 값은?

(2) $a=3$, $b=5$, $h=7$일 때, S의 값은?

08

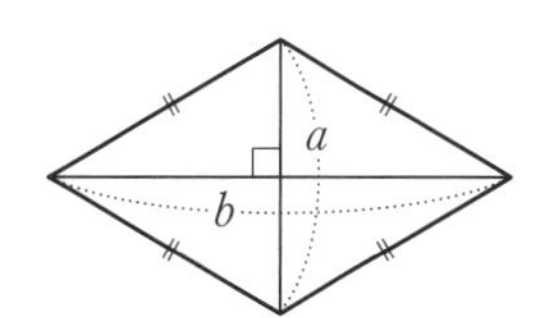

▶ $S=\frac{1}{2}\times$(한 대각선의 길이)
$\times$(다른 대각선의 길이)
$=\frac{1}{2}\times\square\times\square=\square$

(1) $a=5$, $b=6$일 때, S의 값은?

(2) $a=10$, $b=4$일 때, S의 값은?

VISUAL IDEA 2

일차식의 계산

Ⅴ 일차식의 곱셈과 나눗셈 "분배법칙으로 괄호를 풀어라!"

▶ **분배법칙** 두 수의 합(차)에 어떤 수를 곱한 것은 각각에 그 수를 곱하여 더한(뺀) 것과 같다.

$a \times (b+c) = a \times b + a \times c$ (분배)

$a \times (b-c) = a \times b - a \times c$ (분배)

× "분배법칙을 이용하여 괄호를 푼 후 계산한다."

$$2(3x+5) = 2 \times 3x + 2 \times 5 = 6x + 10$$

단항식과 수의 곱셈은
수끼리 곱한 값을 문자 앞에 쓴다.

÷ "나눗셈을 곱셈으로 고치고, 분배법칙을 이용하여 괄호를 푼 후 계산한다."

나눗셈은 ×(나누는 수의 역수)로
고쳐 계산할 수 있다.

$$(4x+8) \div 2 = (4x+8) \times \frac{1}{2}$$

$$= 4x \times \frac{1}{2} + 8 \times \frac{1}{2} = 2x + 4$$

단항식과 수의 곱셈은
수끼리 계산한 값을 문자 앞에 쓴다.

V 일차식의 덧셈과 뺄셈 "동류항끼리 모아라!"

문자 앞의 숫자를 계수라고 해.
이 계수는 문자를 더한 횟수를 나타내는 거야.
2x에서 숫자 2는 x를 2번 더했다는 뜻이지.

$2x = 2 \times x = x + x$ (x를 2번 더함)

▶ **동류항** 다항식 x+3x에서 x, 3x와 같이 문자와 차수가 같은 항

동류항끼리의 합차는 앞의 계수만 더하거나 빼어 하나의 항으로 나타낼 수 있다.

$2x + 3x$ ▶ $(x+x)+(x+x+x)$ ▶ $(2+3)x$ ▶ $5x$

x를 2번 더함 x를 3번 더함 x를 5번 더함

$4x - 2x$ ▶ $(x+x+x+x)-(x+x)$ ▶ $(4-2)x$ ▶ $2x$

x를 4번 더함 x를 2번 더함 x를 2번 더함

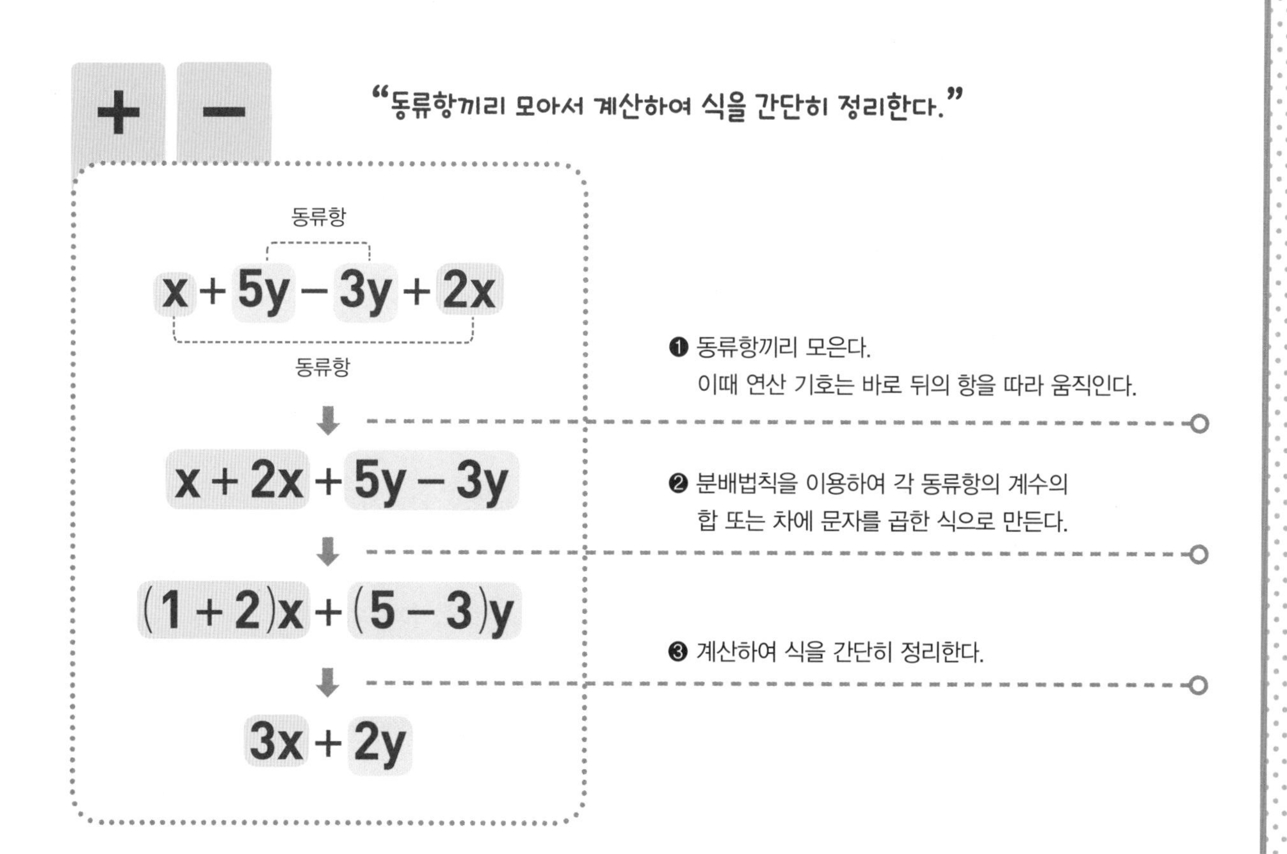

"동류항끼리 모아서 계산하여 식을 간단히 정리한다."

❶ 동류항끼리 모은다.
이때 연산 기호는 바로 뒤의 항을 따라 움직인다.

❷ 분배법칙을 이용하여 각 동류항의 계수의 합 또는 차에 문자를 곱한 식으로 만든다.

❸ 계산하여 식을 간단히 정리한다.

ACT 08

다항식과 일차식

스피드 정답 : 02쪽
친절한 풀이 : 13쪽

다항식

• **식의 구성**
- **항** : (수)×(문자)의 형태인 식
- **상수항** : 수만으로 이루어진 항
- **계수** : (수)×(문자)에서 (수)

• **다항식** : 한 개 또는 두 개 이상의 항의 합으로 이루어진 식 예 $3x-2y+7$

• **단항식** : 다항식 중에서 하나의 항으로만 이루어진 식
예 $3x$, $-2y$, 10

$$3x-2y+7=3x+(-2y)+7$$

(x의 계수: 3, y의 계수: −2, 상수항: 7, 항: 3x, −2y, 7)

주의 $3x-2y+7$의 항을 $3x$, $2y$, 7로 생각하면 안된다.

일차식

• **차수** : 문자를 포함한 항에서 문자가 곱해진 개수
예 x(1차), x^2(2차), x^3(3차) ← 문자의 지수가 차수

• **다항식의 차수**: 차수가 가장 큰 항의 차수

$$5x^2-3x+4$$ → 다항식의 차수 : 2

($5x^2$: 2차, $-3x$: 1차, 4: 0차)

• **일차식** : 차수가 1인 다항식
예 $2x$, $-3y+1$

참고 $\frac{1}{x}$ ➡ 분모에 문자가 있는 식은 다항식이 아니므로 일차식도 될 수 없다.

✽ **다음 식을 + 기호를 써서 나타내고, 표를 완성하시오.**

	식 나타내기	항	상수항	x의 계수
01	$3x+4$ ▶ $3x+4$	$3x$, 4		
02	$4x-3$ ▶ $4x+(\square)$			
03	-10 ▶			
04	$-x+2y-5$ ▶			
05	x^2-3x-4 ▶			

06 다음은 다항식 $2x-3y-10$에 대한 설명이다. 옳은 것에는 ○표, 옳지 않은 것에는 ×표를 하시오.

(1) 항은 모두 3개이다. ( )

(2) y의 계수는 3이다. ( )

(3) 상수항은 -10이다. ( )

07 다음은 다항식 $4x^2+x-3$에 대한 설명이다. 옳은 것에는 ○표, 옳지 않은 것에는 ×표를 하시오.

(1) 항은 $4x^2$, x, 3이다. ( )

(2) x의 계수는 0이다. ( )

(3) x^2의 계수는 4이다. ( )

* 다음 다항식의 차수를 구하시오.

08 $-5x+6$ ______

09 $3x^2+2x+4$ ______

10 $-2x^2+5$ ______

11 -3 ______

12 x^3+3x^2+3x+1 ______

13 $\frac{1}{2}x-1$ ______

14 $\frac{1}{3}(x^2-4x+4)$ ______

15 $\frac{2x+1}{2}$ ______

* 다음 중 일차식인 것에는 ○표, 일차식이 아닌 것에는 ×표를 하시오.

16 $\frac{1}{2}x$ ( )

17 $-t^2+5t+6$ ( )

18 $\frac{2+y}{7}$ ( )

19 $4-3a$ ( )

20 $\frac{1}{5}n^3+10$ ( )

21 $\frac{2}{m}-9$ ( )

시험에는 이렇게 나온대.

22 다음 중 다항식 $x^2-\frac{1}{2}x+4$에 대한 설명으로 옳지 않은 것은?

① 항은 3개이다.
② 상수항은 4이다.
③ x의 계수는 $\frac{1}{2}$이다.
④ x^2의 계수는 1이다.
⑤ 다항식의 차수는 2이다.

ACT 09

단항식과 수의 곱셈, 나눗셈

스피드 정답 : 02쪽
친절한 풀이 : 13쪽

(수)×(단항식), (단항식)×(수)

수끼리 곱하여 문자 앞에 쓴다.

$2a\times(-3)$) × 기호 살리기
$=2\times a\times(-3)$) 수끼리 모으기
$=2\times(-3)\times a$) 수끼리 계산하기
$=(-6)\times a$) × 기호 생략하기
$=-6a$

(단항식)÷(수)

나누는 수의 역수를 곱하여 계산한다.

$(-6a)\div 3$) ÷를 ×로 바꾸기(역수)
$=(-6)\times a\times\frac{1}{3}$) 수끼리 모으기
$=(-6)\times\frac{1}{3}\times a$) 수끼리 계산하기
$=(-2)\times a$) × 기호 생략하기
$=-2a$

*** 다음을 계산하시오.**

01 $3x\times 2=\square\times x\times 2$
$=\square\times 2\times x$
$=\square\times x$
$=\square$

02 $2\times(-4a)$

03 $(-5y)\times 9$

04 $(-6)\times 8x$

05 $2a\times(-7)$

06 $(-8)\times(-2y)$

07 $9\times\frac{4}{3}x$

08 $\frac{1}{2}x\times(-10)$

09 $\frac{5}{4}a\times(-4)$

10 $\frac{4}{3}y\times\left(-\frac{3}{2}\right)$

11 $\left(-\frac{3}{5}a\right)\times\frac{2}{9}$

12 $\left(-\frac{2}{11}y\right)\times\left(-\frac{22}{7}\right)$

13 $14a \div (-2) = 14 \times a \times \left(\square\right)$

$= 14 \times \left(\square\right) \times a$

$= (\square) \times a$

$= \square$

14 $2a \div 2$

15 $(-15a) \div (-3)$

16 $24x \div (-8)$

17 $(-35x) \div 7$

18 $(-8x) \div (-4)$

19 $54y \div (-6)$

20 $(-100y) \div 10$

21 $\frac{4}{3}a \div 2$

22 $\frac{5}{3}a \div (-10)$

23 $\frac{8}{5}x \div 4$

24 $\left(-\frac{9}{2}x\right) \div 3$

25 $\left(-\frac{30}{7}y\right) \div (-5)$

26 $\left(-\frac{1}{9}a\right) \div \frac{3}{2}$

27 $\frac{8}{15}x \div \left(-\frac{4}{3}\right)$

28 $\left(-\frac{9}{8}y\right) \div \left(-\frac{3}{4}\right)$

ACT 10

일차식과 수의 곱셈, 나눗셈

스피드 정답 : 02쪽
친절한 풀이 : 14쪽

(수)×(일차식), (일차식)×(수)

분배법칙을 이용하여 일차식의 각 항에 수를 곱한다.

$2(3a-4)$
$=2\times\{3a+(-4)\}$
$=2\times3a+2\times(-4)$
$=6a-8$

$a(b+c)=ab+ac$

(일차식)÷(수)

나누는 수의 역수를 곱하여 계산한다.

$(-6a+4)\div2$
$=(-6a+4)\times\frac{1}{2}$
$=(-6a)\times\frac{1}{2}+4\times\frac{1}{2}$
$=-3a+2$

$(a+b)c=ac+bc$

* 다음을 계산하시오.

01 $2(x+3)=\square\times x+\square\times3$
$=\square x+\square$

02 $\frac{1}{2}(8x-10)$

03 $-(-4x+3)$

04 $-3(5x-3)$

05 $-\frac{1}{3}(6x-9)$

06 $(3x+2)\times4=3x\times\square+2\times\square$
$=\square x+\square$

07 $(x-2)\times5$

08 $\left(\frac{1}{2}x+\frac{3}{4}\right)\times8$

09 $(-x+5)\times(-4)$

10 $(10x-6)\times\left(-\frac{3}{2}\right)$

11 $(6x+10)\div 2$

$=(6x+10)\times\square$

$=6x\times\square+10\times\square$

$=\square x+\square$

12 $(3x-9)\div 3$

13 $(-5x-40)\div 5$

14 $(4x+4)\div(-2)$

15 $(-6x-15)\div(-3)$

16 $(10x-5)\div(-5)$

17 $(-6x+24)\div(-6)$

18 $(x-3)\div\frac{1}{6}$

19 $(2x+1)\div\frac{2}{3}$

20 $(15x+5)\div\left(-\frac{5}{4}\right)$

21 $3(2x-1)\div\frac{1}{2}$

시험에는 이렇게 나온대.

22 다음 중 옳은 것은?

① $4(x-2)=4x-2$

② $(9x-12)\div(-3)=-3x+4$

③ $\frac{1}{5}(-10x+15)=-2x-3$

④ $\left(\frac{2}{3}x+\frac{4}{7}\right)\times(-21)=-14x-3$

⑤ $(-6x-8)\div\frac{2}{3}=-9x-\frac{16}{3}$

ACT 11

동류항의 계산

스피드 정답 : 02쪽
친절한 풀이 : 15쪽

동류항

문자와 차수가 각각 같은 항 예 a와 $2a$, x와 $-3x$, $-2x^2$과 $5x^2$ 참고 상수항끼리는 모두 동류항이다.

동류항의 덧셈과 뺄셈

• 동류항끼리의 덧셈과 뺄셈

분배법칙을 이용하여 동류항의 계수끼리 더하거나 뺀 후 문자 앞에 쓴다.

$a+2a=(1+2)a=3a$
$5b-3b=(5-3)b=2b$
$(-2x)+6x=(-2+6)x=4x$
$-3y-4y=(-3-4)y=-7y$

• 동류항이 있는 다항식의 덧셈과 뺄셈

동류항끼리 모은 후 분배법칙을 이용하여 식을 간단히 한다.

동류항
$2a+3b-5a+4b+1$
동류항
$=(2-5)a+(3+4)b+1$
$=-3a+7b+1$

＊ 왼쪽 ▭ 안의 항과 동류항인 것에 ○표 하시오.

01 $2x$ | $-3x$ $2x^2$ 9 $\frac{x}{4}$

02 $-y$ | $-x$ $10y$ $4y^2$ $6b$

03 x^2 | $5x^2$ $\frac{2}{x}$ $-8x^2$ $7y$

04 다음에서 동류항끼리 모두 짝 지어 쓰시오.

5	$0.1x^2$	$-3b$	$5xy$
$\frac{1}{2}b$	$10x$	-9	$-xy^2$

＊ 다음 식을 간단히 하시오.

05 $2a+3a=(2+\square)a=\square a$

06 $3x+(-5x)$

07 $(-8b)+4b$

08 $x-4x$

09 $5y-(-3y)$

10 $2a-4a+6a=(2-\square+\square)a$
$=\square a$

11 $x+2x+3x$

12 $-b+5b+(-3b)$

13 $3y-(-2y)+y$

14 $8x-9x-3x$

15 $-2a+5a-3a$

16 $b+\frac{b}{2}-\frac{b}{4}$

17 $\frac{1}{6}y-\frac{2}{3}y+\frac{3}{4}y$

18 $2x-3+3x+4=2x+\square x-3+\square$
$=(2+\square)x+(-3+\square)$
$=\square x+\square$

19 $4-5a-5+8a$

20 $3x-5x+2y-7y$

21 $-2a+a-b+3b$

22 $x+2y+3x+4y$

23 $b-2a-4b+7a$

24 $2x-\frac{1}{4}+\frac{1}{3}x+1$

25 $a-\frac{5}{3}b-\frac{2}{5}a+2b$

ACT 12

일차식의 덧셈과 뺄셈 1_계산 순서

스피드 정답 : 03쪽
친절한 풀이 : 16쪽

일차식의 계산 순서

❶ 분배법칙을 이용하여 괄호를 푼다.

❷ 동류항끼리 모아서 계산한다.

$(2x+3)-(5x-4)$ ← $-(5x-4)=(-1)\times5x+(-1)\times(-4)$

$=2x+3-5x+4$

$=2x-5x+3+4$

$=-3x+7$

$3(2x-1)+2(-4x+3)$ ← $3\times2x+3\times(-1)$, $2\times(-4x)+2\times3$

$=6x-3-8x+6$

$=6x-8x-3+6$

$=-2x+3$

* 다음 식을 간단히 하시오.

01 $-2x+1+x-6$

$=-2x+\square+\square-6$

$=\square-\square$

02 $5x+(-2x+3)$

03 $(x-4)+(-3x+5)$

04 $(5x+3)+(-8x-2)$

05 $(-4x-6)+(-7x+10)$

06 $(4x+2)-(2x+4)$

$=4x+\square-\square-4$ ← 괄호 앞에 −가 있으면 괄호 안의 각 항의 부호를 반대로!

$=4x-\square+\square-4$

$=\square-\square$

07 $10x-(4x+5)$

08 $(5x-3)-(3x+1)$

09 $(-6x+3)-(7x-9)$

10 $(8x-1)-(-4x-3)$

11 $3(2x-3)+4(x-5)$

$=\square-9+4x-\square$

$=\square+4x-9-\square$

$=\square-\square$

12 $4(x+3)+5x$

13 $2(x+4)+3(x+1)$

14 $2(3x-1)+7(x-2)$

15 $-(x+2)+5(4x-1)$

16 $-(3x+4)+3(x-4)$

17 $3(x-2)-2(2x+3)$

$=\square-6-4x-\square$

$=\square-4x-6-\square$

$=\square-\square$

18 $4(x+5)-5x$

19 $2(3x+1)-5(x+2)$

20 $-(2x+3)-2(x-3)$

21 $-3(2x-7)-5(-3x-4)$

시험에는 이렇게 나온다.

22 $5(2x-1)-4(3x-5)$를 간단히 하였을 때, x의 계수와 상수항의 합은?

① -7　　② -2　　③ 3
④ 8　　⑤ 13

ACT 13

일차식의 덧셈과 뺄셈 2_분수가 있을 때

스피드 정답 : 03쪽
친절한 풀이 : 16쪽

계수가 분수인 일차식의 덧셈과 뺄셈

❶ 분배법칙을 이용하여 괄호를 푼다.

❷ 동류항끼리 모아 통분하여 계산한다.

예 $\left(\frac{x}{2}+\frac{1}{3}\right)-\left(\frac{x}{5}+\frac{3}{2}\right)\overset{❶}{=}\frac{x}{2}+\frac{1}{3}-\frac{x}{5}-\frac{3}{2}$

$\overset{❷}{=}\frac{x}{2}-\frac{x}{5}+\frac{1}{3}-\frac{3}{2}$

$=\frac{5x-2x}{10}+\frac{2-9}{6}$

$=\frac{3}{10}x-\frac{7}{6}$

분자에 일차식이 있는 분수 꼴의 덧셈과 뺄셈

❶ 전체를 통분한다. 통분할 때에는 분자에 괄호를 한다.

❷ 분배법칙을 이용하여 분자의 괄호를 푼다.

❸ 분자의 동류항끼리 모아 계산한다.

예 $\frac{x+1}{2}+\frac{2x+1}{3}\overset{❶}{=}\frac{3(x+1)+2(2x+1)}{6}$

$\overset{❷}{=}\frac{3x+3+4x+2}{6}$

$\overset{❸}{=}\frac{7x+5}{6}=\frac{7}{6}x+\frac{5}{6}$

* 다음 식을 간단히 하시오.

01 $\left(\frac{x}{3}+\frac{1}{2}\right)+\left(\frac{x}{4}+\frac{1}{5}\right)$

02 $\left(\frac{x}{4}+3\right)+\left(\frac{x}{2}+\frac{2}{3}\right)$

03 $\left(x-\frac{1}{2}\right)-\left(\frac{x}{3}+\frac{1}{3}\right)$

04 $\left(\frac{x}{5}+\frac{3}{4}\right)-\left(2x-\frac{1}{6}\right)$

05 $\frac{1}{2}(2x+6)+\frac{1}{3}(3x-9)$

06 $4\left(\frac{x}{2}+1\right)-6\left(\frac{x}{3}+\frac{1}{2}\right)$

07 $\frac{1}{2}(4x+10)+\frac{1}{3}(6x+3)$

08 $\frac{1}{3}(3x-9)-\frac{1}{5}(25x-10)$

09 $\frac{2x+2}{3}+\frac{x+1}{2}$

10 $\frac{x-3}{2}+\frac{5x+3}{4}$

11 $\frac{x-1}{3}+2x-4$

12 $\frac{x+3}{4}+\frac{x-1}{6}$

13 $\frac{3x-1}{2}+\frac{x+1}{5}$

14 $\frac{3x+7}{6}+\frac{x-3}{4}$

15 $\frac{x+1}{4}-\frac{x-2}{3}$

16 $\frac{2x+3}{2}-\frac{x+2}{3}$

17 $\frac{x-4}{3}-\frac{x+2}{9}$

18 $\frac{x+5}{3}-\frac{2x-3}{6}$

19 $\frac{3x+1}{5}-\frac{2x-5}{3}$

시험에는 이렇게 나온대.

20 $\frac{2x+1}{3}-\frac{3x-4}{5}$를 간단히 하면 $ax+b$일 때, 상수 a, b에 대하여 $a+b$의 값은?

① $-\frac{6}{5}$　② $-\frac{2}{5}$　③ $\frac{2}{5}$
④ $\frac{6}{5}$　⑤ 2

ACT+ 14

필수 유형 훈련

스피드 정답 : 03쪽
친절한 풀이 : 17쪽

유형 1 괄호가 있는 일차식의 덧셈과 뺄셈

괄호가 여러 개인 일차식의 덧셈과 뺄셈은

(소괄호) → {중괄호} → [대괄호]

순서로 괄호를 풀어 계산한다.

Skill

괄호를 풀 때 '−' 부호가 있으면 부호까지 함께 곱해야 한다!

01 다음 식을 간단히 하시오.

(1) $x-\{1-(2x-3)\}$

(2) $7-\{3x-(8-2x)\}$

(3) $2x-[4-\{5x-4-(-x+1)\}]$

02 $3x+2-\{5-2(6-4x)\}$를 간단히 하면?

① $-6x+3$ ② $-5x+9$
③ $-2x+5$ ④ $2x-4$
⑤ $5x-7$

03 다음 식을 간단히 하였을 때, x의 계수를 a, 상수항을 b라 하자. 이때 $a+b$의 값은?

$$-5x-[9-2\{3(4x-6)+7\}]$$

① -12 ② -4 ③ 2
④ 10 ⑤ 18

유형 2 문자에 일차식 대입하기

문자에 일차식을 대입할 때에는 괄호를 사용해야 한다.

예 $A=2x+1$, $B=x-2$일 때

➡ $A-B=(2x+1)-(x-2)$
$=2x+1-x+2=x+3$

Skill

괄호를 풀 때는 괄호 앞의 부호에 주의!
괄호를 푼 후에는 동류항끼리 모아서 계산!

04 $A=3x+2$, $B=2x-1$일 때, 다음 식을 간단히 하시오.

(1) $A+B$

(2) $A-B$

(3) $2A+B$

(4) $2A-3B$

05 $A=2x-5$, $B=x+4$일 때, $3A-B$를 간단히 하시오.

06 $A=5x-2$, $B=3x+1$일 때, $-2A+5B$를 간단히 하면?

① $-3x-1$ ② $-x+1$
③ $x+5$ ④ $3x+7$
⑤ $5x+9$

유형 3 어떤 식 구하기

❶ 구하려는 어떤 다항식을 □로 놓는다.

❷ 주어진 조건에 따라 식을 세운다.

❸ ❷의 식을 □에 대한 식으로 나타낸 후 간단히 한다.

Skill  덧셈과 뺄셈의 관계, 잊지 않았지?

- □+A=B ➡ □=B−A
- A+□=B ➡ □=B−A
- □−A=B ➡ □=B+A
- A−□=B ➡ □=A−B

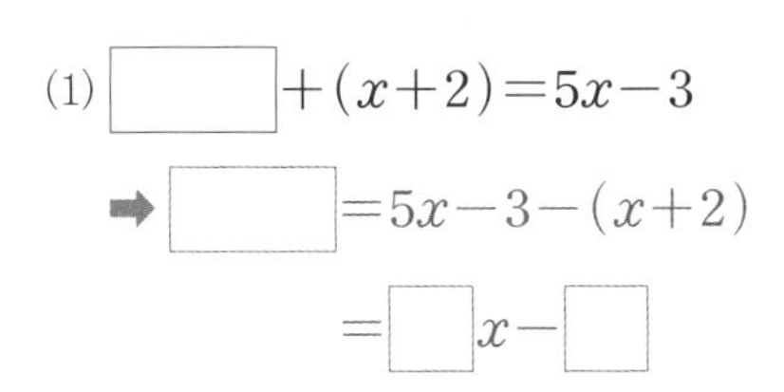

07 다음 □ 안에 알맞은 식을 구하시오.

(1) $\square+(x+2)=5x-3$

➡ $\square=5x-3-(x+2)$

$=\square x-\square$

(2) $3x+\square=7x+2$

(3) $\square-(4x-3)=3x-2$

(4) $9x+4-(\square)=6x+1$

08 다음 □ 안에 알맞은 식은?

$$\square-2(3x-1)=x+8$$

① $-7x-6$　② $-5x-10$
③ $5x+10$　④ $7x+6$
⑤ $9x-4$

09 다음은 A에 $4x-1$을 더하면 $6x-5$일 때, 일차식 A를 구하는 과정이다. □ 안에 알맞은 것을 쓰시오.

$A+(\square)=6x-5$이므로

$A=(6x-5)-(\square)$

$=6x-5-\square x+\square$

$=\square$

10 어떤 다항식에서 $3x-2$를 뺐더니 $2x+5$가 되었다. 이때 어떤 다항식은?

① $-x-7$　② $2x+5$
③ $5x+3$　④ $8x+1$
⑤ $11x-3$

11 어떤 다항식에 $4x-5y$를 더했더니 $7x-10y$가 되었다. 이때 어떤 다항식을 구하시오.

TEST 05

단원 평가

01 다음 중 옳은 것은?

① $0.1 \times y \times a = 0.ay$

② $a \times (x-3y) \div 2 = 2a(x-3y)$

③ $a \times (-1) \times b \times a = -ab$

④ $(2a+b) \div \left(-\frac{1}{3}\right) = -3(2a+b)$

⑤ $x \times x + (-3) \times x = -3x^3$

02 다음 중 옳은 것은?

① $a \times b \div c = \frac{a}{bc}$　② $a \div b \times c = \frac{ab}{c}$

③ $a \div b \div c = \frac{ac}{b}$　④ $a \times (b \div c) = \frac{ab}{c}$

⑤ $a \div (b \div c) = \frac{ab}{c}$

03 다음 중 옳은 것을 모두 고르면? (정답 2개)

① 정가 x원인 물건을 20 % 할인한 가격은 $0.8x$ 원이다.

② 시속 a km로 2시간 30분 동안 달린 거리는 $2.5x$ km이다.

③ 한 변의 길이가 b cm인 정삼각형의 둘레의 길이는 b^3 cm이다.

④ 소금물 500 g에 x g의 소금이 녹아 있을 때, 소금물의 농도는 $\frac{1}{5}x$ %이다.

⑤ 십의 자리의 숫자가 x, 일의 자리의 숫자가 y인 두 자리 자연수는 xy이다.

04 $x=-2$, $y=\frac{1}{2}$일 때, 다음 중 식의 값이 가장 작은 것은?

① $-2xy$　② $-x^2$　③ $2y^2$

④ x^2+6y　⑤ $x+y+5$

※ 평행사변형을 보고 물음에 답하시오. (05~07)

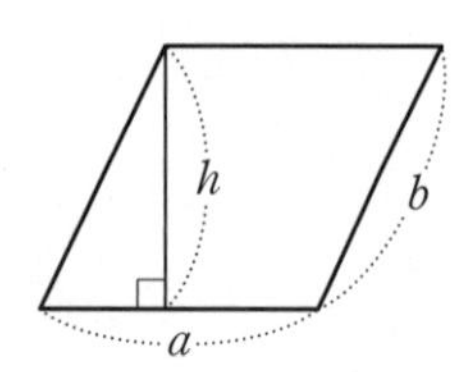

05 평행사변형의 둘레의 길이 l을 문자를 사용한 식으로 나타내시오.

06 평행사변형의 넓이 S를 문자를 사용한 식으로 나타내시오.

07 $a=8$, $b=7$, $h=6$일 때, l과 S의 값을 각각 구하시오.

08 다음 중 단항식을 모두 고르면? (정답 2개)

① $-ab^2$　② $-a+b^2$　③ $\frac{2}{3}x$

④ $2x-3y$　⑤ $1-\frac{2}{3}x$

＊ 점수 ＊

스피드 정답 : 03쪽
친절한 풀이 : 18쪽

09 다음은 다항식 $2x^2-\frac{x}{3}+2y-1$에 대한 설명이다. 옳은 것에는 ○표, 옳지 않은 것에는 ×표를 하시오.

(1) 항은 모두 4개이다. (　　　)

(2) x의 차수는 2차이다. (　　　)

(3) x^2의 계수는 4이다. (　　　)

(4) x의 계수는 -3이다. (　　　)

(5) y의 계수는 2이다. (　　　)

(6) 상수항은 1이다. (　　　)

10 다음 중 일차식을 모두 고르면? (정답 2개)

① $-x$　② $-x^2+3$　③ $\frac{1}{x}+4$

④ $5-\frac{1}{3}x$　⑤ 6

＊ 다음을 계산하시오. (11 ~ 14)

11 $(-2x)\times 8$

12 $(-12y)\div\left(-\frac{2}{3}\right)$

13 $\frac{2}{5}(10x-25)$

14 $(-12x+8)\div(-4)$

15 다음 중 동류항끼리 짝 지어진 것은?

① $4x$, $-4y$　② -2, a

③ x, $-\frac{1}{x}$　④ $0.1x$, $-5x^2$

⑤ $\frac{a}{3}$, $-\frac{1}{5}a$

＊ 다음 식을 간단히 하시오. (16 ~ 18)

16 $(4-3x)+2(x-1)$

17 $\frac{2x+1}{3}-\frac{x-3}{2}$

18 $-10-[x-\{5x-2(x+1)\}]$

19 $A=-4x+3$, $B=2x-3$일 때, $-3A+2B$를 간단히 하시오.

20 어떤 다항식에서 $2x-7$을 뺐더니 $-4x+9$가 되었을 때, 어떤 다항식을 구하시오.

스도쿠 게임

＊ 게임 규칙

❶ 모든 가로줄, 세로줄에 각각 1에서 9까지의 숫자를 겹치지 않게 배열한다.

❷ 가로, 세로 3칸씩 이루어진 9칸의 격자 안에도 1에서 9까지의 숫자를 겹치지 않게 배열한다.

	2			5	6	7		
7		9					5	6
4		6	7	8		2		
	9			3	1		7	8
8		1		4				2
2			9		8	1	3	
			6	7		8		
9		8			5	6		
5	6		8				4	1

답

1	2	3	4	5	6	7	8	9
7	8	9	1	2	3	4	5	6
4	5	6	7	8	9	2	1	3
6	9	4	2	3	1	5	7	8
8	3	1	5	4	7	9	6	2
2	7	5	9	6	8	1	3	4
3	1	2	6	7	4	8	9	5
9	4	8	3	1	5	6	2	7
5	6	7	8	9	2	3	4	1

Chapter Ⅵ

일차방정식

keyword

등식, 방정식, 항등식, 등식의 성질,

이항, 일차방정식, 일차방정식의 활용

VISUAL IDEA 3

등식

Ⓥ 식의 종류 "등호(=)를 사용해서 식을 만들자."

▶ 등식 "양쪽이 같은 식"

시소가 평형 상태이면 사과와 바나나의 무게가 '같다'는 것을 알 수 있다. 마찬가지로 등호(=)는 시소가 평형일 때의 상태, 즉 식의 양변이 서로 균형을 이루고 있음을 의미하는 기호이다.
등호가 있으면 항상 이렇게 생각하자.
"양쪽이 같다!"

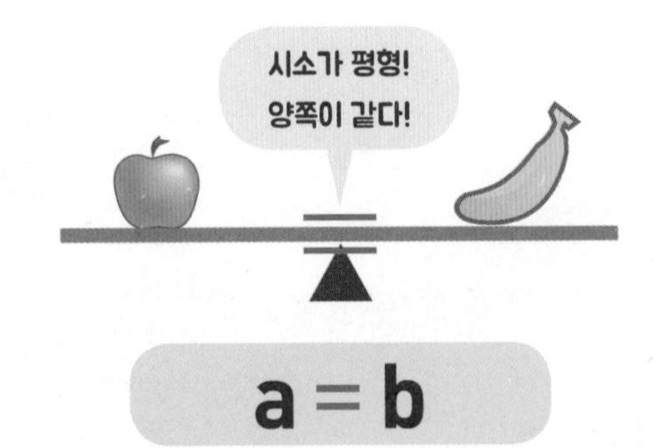

▶ 방정식 "미지수가 있는 등식"

방정식은 등식 중에서 미지수(모르는 수)가 들어있는 것을 말한다. 일반적으로 미지수는 문자 x로 나타낸다. 이 미지수의 값이 어떤 수가 되느냐에 따라 방정식은 참이 되기도, 거짓이 되기도 한다.

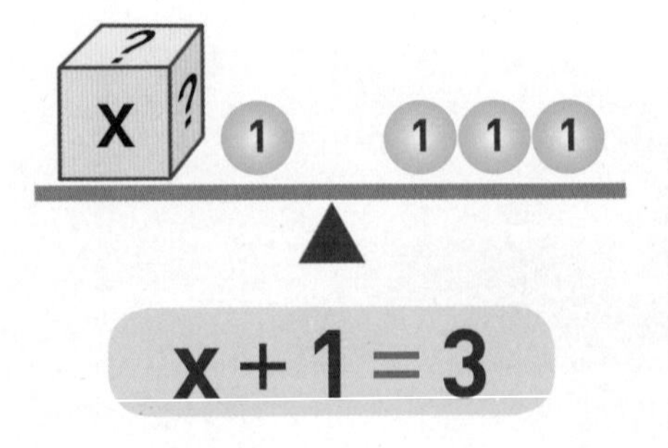

만약 박스에 ① 이 1개 들어있으면, 시소의 양쪽이 같지 않다.

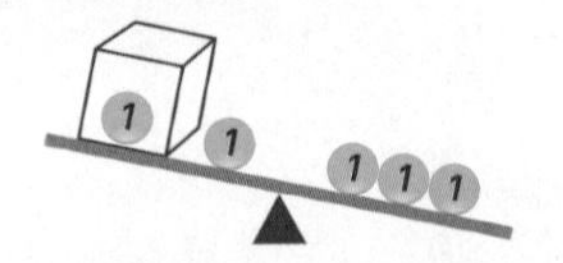

$x=1$이면 $1+1\neq3$ ▶ 등식은 거짓!

만약 박스에 ① 이 2개 들어있으면, 시소의 양쪽이 같다.

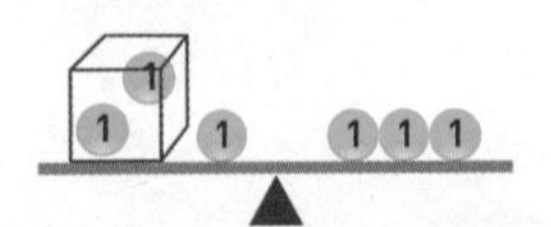

$x=2$이면 $2+1=3$ ▶ 등식은 참!

▶ 항등식 "항상 참이 되는 등식"

항등식은 미지수 x가 어떤 값을 갖더라도 항상 참인 등식이다.

$x+x=2\times x$
$x=1$이면 $1+1=2\times1$ ▶ $2=2$ (참)
$x=2$이면 $2+2=2\times2$ ▶ $4=4$ (참)
$x=3$이면 $3+3=2\times3$ ▶ $6=6$ (참)
⋮ ⋮ ⋮

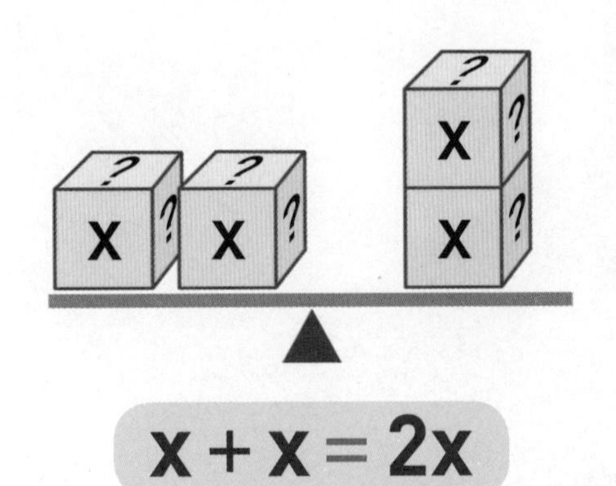

V 등식의 성질

"등호가 중심인 시소의 평형을 유지하는 거야."

시소는 양쪽의 무게가 조금만 달라도 한쪽으로 기울어진다.
시소의 평형을 깨뜨리지 않는 법칙을 알아보자.

$4 = 4$

등식의 성질 ①
등식의 양변에
같은 수를 더해도
등식은 성립한다.

$4 + 1 = 4 + 1$

등식의 성질 ②
등식의 양변에서
같은 수를 빼도
등식은 성립한다.

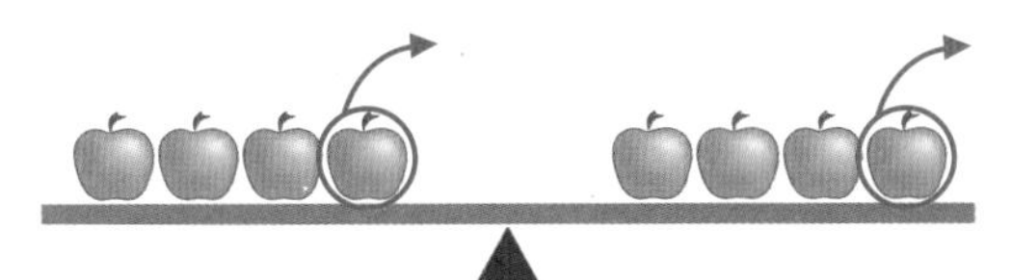

$4 - 1 = 4 - 1$

등식의 성질 ③
등식의 양변에
같은 수를 곱해도
등식은 성립한다.

$4 \times 2 = 4 \times 2$

등식의 성질 ④
등식의 양변을
0이 아닌
같은 수로 나누어도
등식은 성립한다.

$4 \div 2 = 4 \div 2$

왜 0으로는 나눌 수 없을까요?

1이라는 수를 0으로 나누었을 때 그 몫을 A라고 하면 $1 \div 0 = A$가 되고, 이 식을 곱셈식으로 바꾸면 $A \times 0 = 1$이 됩니다. 그런데 어떤 수든 0을 곱하면 항상 0이라는 사실, 알고 있죠? 1은 0이 될 수 없으니까 식은 성립하지 않아요. 등식뿐 아니라 수학에서는 어떤 것도 0으로 나눌 수 없습니다.
못 믿겠다면 컴퓨터로 계산해 보세요. 아마 값을 구할 수 없을 거예요.

ACT 15

등식, 방정식, 항등식

스피드 정답 : 03쪽
친절한 풀이 : 19쪽

등식

등호(=)를 사용하여 두 수량 사이의 관계를 나타낸 식

$a+3=5$ (좌변: $a+3$, 우변: 5, 양변)

방정식

미지수의 값에 따라 참이 되기도, 거짓이 되기도 하는 등식

참고 미지수는 x를 많이 사용한다. ➡ x에 대한 방정식

방정식의 해(근)

방정식을 참이 되게 하는 미지수의 값

방정식을 푼다. ➡ 방정식의 해를 구하는 것

예 방정식 $x+3=5$에 $x=2$를 대입하면 $2+3=5$(참)

➡ $x=2$는 방정식의 '해'이다.

항등식

미지수에 어떠한 값을 대입해도 항상 참이 되는 등식

➡ 식을 간단히 정리했을 때 (좌변)=(우변)이 되는 식

＊ 다음 중 등식인 것에는 ○표, 등식이 아닌 것에는 ×표를 하시오.

01 $100-33$ (　　　)

02 $6x+9$ (　　　)

03 $3x-5=0$ (　　　)

04 $2x+3=5-x$ (　　　)

05 $5x+3>2$ (　　　)

06 $4+3=8$ (　　　)

식의 참, 거짓에 관계없이 등호를 사용하여 나타내면 등식이야.

＊ 다음 문장을 등식으로 나타내시오.

07 12에서 5를 빼면 7이다.

08 x보다 9 큰 수는 15이다.

09 어떤 수 x에서 3을 빼면 x의 4배에 2를 더한 값과 같다.

10 한 개에 700원인 아이스크림 x개의 가격은 3500원이다.

11 가로의 길이가 8 cm, 세로의 길이가 x cm인 직사각형의 넓이는 32 cm^2이다.

12 시속 20 km로 x시간 동안 이동한 거리는 60 km이다.

＊ 다음 등식이 방정식인 것에는 '방', 항등식인 것에는 '항'을 (　) 안에 쓰시오.

13 $2x-1=0$ (　　)

14 $-5x=-5x$ (　　)

15 $3x=4x-x$ (　　)

16 $x-x=x$ (　　)

17 $-3(x-1)=-3x+3$ (　　)

＊ 다음 [　] 안의 수가 주어진 방정식의 해이면 ○표, 해가 아니면 ×표를 하시오.

18 $2x=0$ $\left[\frac{1}{2}\right]$ (　　)

19 $3x-4=5$ $[3]$ (　　)

20 $-3x+2=2x-3$ $[-1]$ (　　)

21 $-4x-5=1-2x$ $[-3]$ (　　)

22 $2(x+1)=x+4$ $[2]$ (　　)

＊ 다음 등식이 x에 대한 항등식일 때, 상수 a, b의 값을 각각 구하시오.

23 $ax+b=3x+2$

[항등식의 조건]
양변에서 동류항끼리 같아야 한다.
$ax+b=cx+d$ ➡ $a=c$, $b=d$

24 $ax-2=4x+b$

25 $-2x+a=bx+5$

26 $-x+a=bx-3$

27 $ax+4=b-7x$

시험에는 이렇게 나온대.

28 다음 방정식 중 해가 $x=-2$인 것은?

① $x-2=0$
② $2x+3=-1$
③ $4-x=2x-3$
④ $3(x-1)=-x+5$
⑤ $-5x=2(x-3)$

ACT 16

등식의 성질

스피드 정답 : 03쪽
친절한 풀이 : 19쪽

등식의 성질

$a=b$이면
❶ $a+c=b+c$ ➡ 등식의 양변에 같은 수를 더하여도 등식은 성립한다.
❷ $a-c=b-c$ ➡ 등식의 양변에서 같은 수를 빼어도 등식은 성립한다.
❸ $a\times c=b\times c$ ➡ 등식의 양변에 같은 수를 곱하여도 등식은 성립한다.
❹ $\frac{a}{c}=\frac{b}{c}$ (단, $c\neq 0$) ➡ 등식의 양변을 0이 아닌 같은 수로 나누어도 등식은 성립한다.

등식의 성질을 이용한 방정식의 풀이

등식의 성질을 이용하여 방정식을 $x=$(수) 꼴로 고쳐서 해를 구한다. 예 $2x-1=5 \xrightarrow[\text{1을 더한다.}]{\text{양변에}} 2x=6 \xrightarrow[\text{2로 나눈다.}]{\text{양변을}} x=3$

* $a=b$일 때, 등식이 성립하도록 □ 안에 알맞은 수를 쓰시오.

01 $a+4=b+\square$

02 $a+\square=b+9$

03 $a-5=b-\square$

04 $a\times 2=b\times\square$

05 $a\times(\square)=b\times(-3)$

06 $\frac{a}{7}=\frac{b}{\square}$

* 다음 중 옳은 것에는 ○표, 옳지 않은 것에는 ×표를 하시오.

07 $a=b$이면 $a+3=b+3$이다. ( )

08 $a=b$이면 $a-5=-5b$이다. ( )

09 $a-6=b-6$이면 $a=b$이다. ( )

10 $\frac{x}{2}=\frac{y}{5}$이면 $10x=10y$이다. ( )

11 $x=2y$이면 $\frac{x}{2}=y$이다. ( )

＊ 등식의 성질을 이용하여 다음 방정식을 푸시오.

12

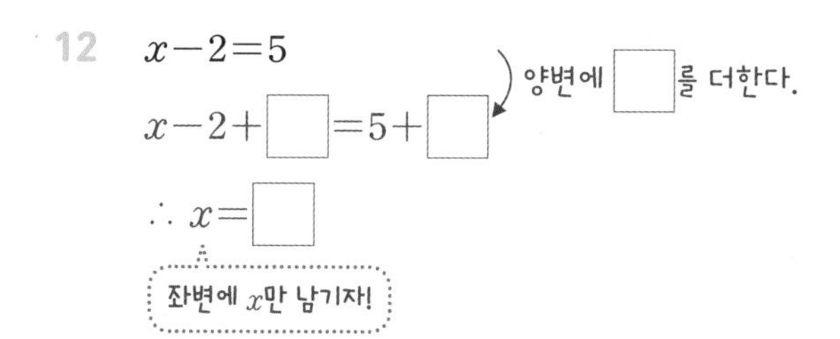

13 $x-4=2$

a=b ➡ a+c=b+c

14 $x+5=3$

a=b ➡ a−c=b−c

15 $x+7=-4$

16 $\frac{x}{3}=2$

a=b ➡ a×c=b×c

17 $-\frac{x}{6}=4$

18 $4x=8$

a=b ➡ $\frac{a}{c}=\frac{b}{c}$ (단, c≠0)

19 $-3x=15$

20 $3x+4=13$

$3x+4-\square=13-\square$ 양변에서 □를 뺀다.

$3x=\square$

$\frac{3x}{\square}=\frac{\square}{\square}$ 양변을 □으로 나눈다.

$\therefore x=\square$

21 $4x-19=-3$

22 $\frac{x}{5}-3=2$

23 $\frac{x}{2}+4=3$

시험에는 이렇게 나온대.

24 다음 중 옳지 않은 것은?

① $\frac{a}{3}=b$이면 $a=3b$이다.

② $a+5=b+5$이면 $a=b$이다.

③ $a=b$이면 $a-2=b+2$이다.

④ $3a=4b$이면 $\frac{a}{4}=\frac{b}{3}$이다.

⑤ $-a=b$이면 $1-a=b+1$이다.

VISUAL IDEA 4

일차방정식

Ⅴ 식의 변형 "등호 왼쪽에 X만 남기는 연습을 하자."

방정식에 들어 있는 +a, −a, ×a, ÷a를 등호 오른쪽으로 보내는 거야.
식을 원하는 대로 자유롭게 변형할 수 있어야 일차방정식이 쉬워져.

덧셈식 바꾸기

$$x+a=b$$

▼

$$x+a-a=b-a$$

양변에 각각 −a를 더한다.

▼

$$x+\cancel{a}-\cancel{a}=b-a$$

+a−a=0이 되어 없어진다.

▼

$$x=b-a$$

뺄셈식 바꾸기

$$x-a=b$$

▼

$$x-a+a=b+a$$

양변에 각각 +a를 더한다.

▼

$$x-\cancel{a}+\cancel{a}=b+a$$

−a+a=0이 되어 없어진다.

▼

$$x=b+a$$

곱셈식 바꾸기

$$xa=b$$

▼

$$xa\times\frac{1}{a}=b\times\frac{1}{a}$$

양변에 각각 $\frac{1}{a}$을 곱한다.

▼

$$\frac{x\cancel{a}}{\cancel{a}}=\frac{b}{a}$$

$\frac{a}{a}$=1이 되어 없어진다.

▼

$$x=\frac{b}{a}$$

나눗셈식 바꾸기

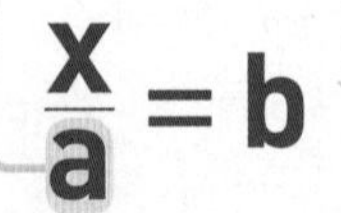

$$\frac{x}{a}=b$$

▼

$$\frac{x}{a}\times a=b\times a$$

양변에 각각 a를 곱한다.

▼

$$\frac{x}{\cancel{a}}\times\cancel{a}=b\times a$$

$\frac{a}{a}$=1이 되어 없어진다.

▼

$$x=b\times a$$

Ⅴ 일차방정식 "미지수가 있는 일차식"

▶ 일차방정식

방정식의 모든 항을 좌변으로 이항하여 정리한 식이 (일차식)=0의 꼴로 나타나는 방정식을 일차방정식이라고 한다.

$$2x = x - 3 \Rightarrow \underbrace{x + 3}_{\text{일차식}} = 0$$

▶ 일차방정식을 풀다

'일차방정식을 푼다'는 건 방정식이 참이 되게 하는 x의 값을 구한다는 말이야. 쉽게 생각해. 좌변에 x만 남기는 거야. 식을 'X='으로 정리해서 나타내라는 거지.

▶ 일차방정식의 풀이법

$$3x - 2 = x + 4$$
$$3x - x = 4 + 2$$
$$2x = 6$$
$$x = 3$$

❶ x항은 좌변으로, 상수항은 우변으로 모은다.

$3x - 2 = x + 4$

❷ 양변이 각각 하나의 항이 되도록 동류항끼리 계산하여 간단히 한다.

$(3-1)x = 6$

❸ x에 붙은 계수를 떼어 버리고 x만 남긴다.

양변을 x의 계수 2로 나누면

$\frac{2x}{2} = \frac{6}{2}$

ACT 17

이항과 일차방정식

스피드 정답 : 04쪽
친절한 풀이 : 20쪽

이항

등식의 성질을 이용하여 등식의 어느 한 변에 있는 항을 부호를 바꾸어 다른 변으로 옮기는 것

$x+1=3 \Rightarrow x=3-1$

$x-1=3 \Rightarrow x=3+1$

이항하면 부호가 바뀐다.
+■를 이항 → -■
-▲를 이항 → +▲

참고 $x+a=b \Rightarrow x=b-a$

$ax=x+b \Rightarrow ax-x=b$

일차방정식

우변의 모든 항을 좌변으로 이항하여 정리한 식이

(x에 대한 일차식)=0, 즉 $ax+b=0$ ($a\neq0$)

의 꼴이 되는 방정식을 x에 대한 일차방정식이라고 한다.

$3x+1=x-2$) 좌변으로 모두 이항

$3x+1-x+2=0$) 동류항끼리 계산

$2x+3=0$

↑ x에 대한 일차식

*** 다음 등식에서 ● 표 한 항을 이항하시오.**

01 $x-4=-2$ ▶ $x=-2+\square$

02 $x+5=3$

03 $1-3x=7$

04 $2x=-x+9$

05 $4x=2x-8$

06 $2x+5=5-3x$

*** 다음 방정식을 이항만을 이용하여 $ax=b$ 꼴로 나타내시오. (단, $a\neq0$)**

07 $2x-5=1$ ▶ $2x=1+\square$

$2x=\square$

08 $x=-4x+2$

09 $3x-4=-2x+6$

10 $-5x+2=2x+1$

11 $x-3=\frac{x}{2}-1$

12 $\frac{x}{3}+2=\frac{x}{2}-\frac{1}{6}$

※ 다음 방정식의 우변에 있는 모든 항을 좌변으로 이항하여 정리한 식으로 나타내고, 일차방정식인 것에는 ○표, 아닌 것에는 ×표를 하시오.

13 $x-5=-4$ ( )

▶ $x-5+\square=0$

$x-\square=0$

14 $4x=7x+3$ ( )

▶ ______________

15 $3x+4=5x-2$ ( )

▶ ______________

16 $2x+3=-3x^2-1$ ( )

▶ ______________

17 $-x+3=4(x-1)$ ( )

▶ ______________

18 $2(x+1)=2x+2$ ( )

▶ ______________

19 $x^2+4x=1+x^2$ ( )

▶ ______________

※ 다음 수 중 주어진 등식이 x에 대한 일차방정식이 되기 위한 상수 a의 값이 될 수 있는 것에 모두 ○표 하시오.

20 $ax+4=2x+1$

▶ $(a-\square)x+\square=0$

$\square\neq0$

$\therefore a\neq\square$

[-2, -1, 0, 1, 2]

21 $3x-5=ax+3$

[1, 2, 3, 4, 5]

22 $ax+1=5-x$

[-2, -1, 0, 1, 2]

23 $5x+9=5-ax$

[-5, -4, -3, -2, -1]

시험에는 이렇게 나온대.

24 다음 중 일차방정식은?

① $x^2-5=7x$

② $3x-9$

③ $6(x-2)=6x-12$

④ $x^2-2x=x^2+3$

⑤ $4-x=x(x+2)$

ACT 18

일차방정식 풀기

스피드 정답 : 04쪽
친절한 풀이 : 21쪽

이항과 등식의 성질을 이용하여 일차방정식의 해를 구할 수 있다.

❶ 미지수 x를 포함한 항은 좌변으로, 상수항은 우변으로 이항한다.
❷ 양변을 정리하여 $ax=b\ (a\neq 0)$ 꼴로 만든다.
❸ 양변을 x의 계수 a로 나누어 $x=$(수)의 꼴로 해를 구한다.

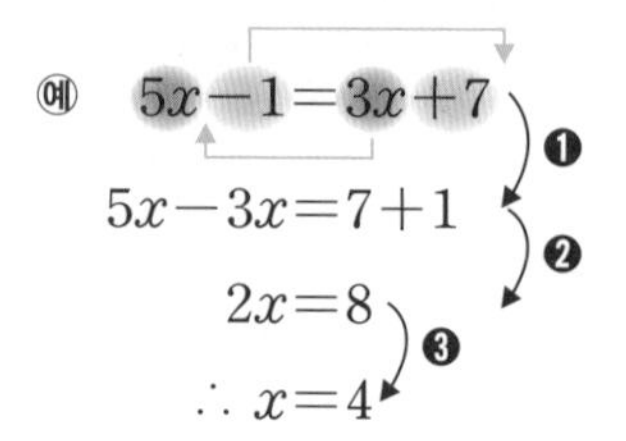

* 다음 일차방정식을 푸시오.

01 $x+2=5$
$x=5-\square=\square$

02 $x+1=-2$

03 $x-3=-1$

04 $4x=-36$

05 $-2x=16$

06 $-5x=-45$

07 $2x-3=5$
$2x=5+\square$
$2x=\square$ $\quad 2x\div 2=\square\div 2$
$\therefore x=\square$

08 $3x+1=-4$

09 $2x-4=-4$

10 $-x+5=-2$

11 $-4x-2=3$

12 $-3x-8=-1$

13 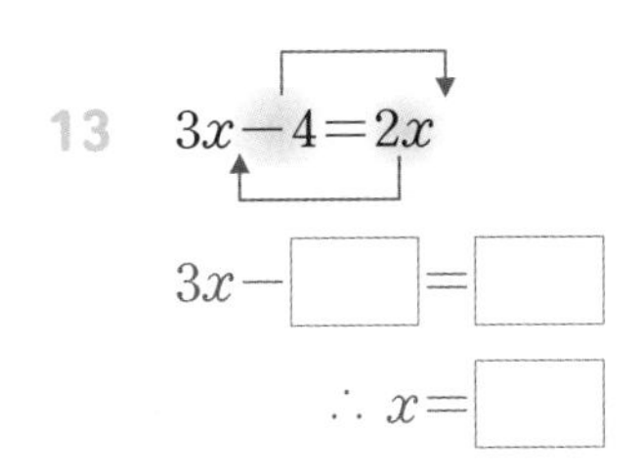

$3x-4=2x$

$3x-\square=\square$

$\therefore x=\square$

14 $4x+3=-2x$

15 $x-4=-3x$

16 $x-1=2x$

17 $2x+3=3x$

18 $-5x+12=x$

19 $-3x-4=2x$

20 $-4x+9=-3x$

21 $2x-3=x+1$

$2x-\square=1+\square$

$\therefore x=\square$

22 $4x+3=2x+7$

23 $x-4=-3x-2$

24 $-x+1=2x+4$

25 $3x-1=5x-5$

26 $-6x-2=-4x+3$

시험에는 이렇게 나온대.

27 다음 중 해가 나머지 넷과 다른 것은?

① $x+4=2$
② $-3x=6$
③ $-2x+6=10$
④ $2x+5=-3x$
⑤ $4x+1=6x+5$

ACT 19

괄호가 있는 일차방정식 풀기

스피드 정답 : 04쪽
친절한 풀이 : 22쪽

괄호가 있을 때에는 분배법칙을 이용하여 괄호를 먼저 풀고, 식을 간단히 정리한 후 해를 구한다.

❶ 괄호가 있으면 분배법칙을 이용하여 괄호를 푼다.
❷ 항을 이항하여 $ax=b\ (a\neq0)$ 꼴로 만든다.
❸ 양변을 x의 계수 a로 나누어 $x=$(수)의 꼴로 해를 구한다.

예 $2(x+1)=-(x+4)$
$2x+2=-x-4$ ❶
$2x+x=-4-2$ ❷
$3x=-6$
$\therefore x=-2$ ❸

＊ 다음 일차방정식을 푸시오.

01 $3(x-2)=-5$
$3x-\square=-5$
$3x=-5+\square$
$3x=\square$
$\therefore x=\square$

02 $2(2x+1)=6$

양변을 먼저 2로 나누어 간단히 한 후 풀 수도 있어.

03 $5(2x+3)=-1$

04 $-2(2x-1)=-10$

05 $4(-3x+2)=5$

06 $3(x+1)=2x$
$3x+\square=2x$
$3x-\square=\square$
$\therefore x=\square$

07 $2(3x-2)=3x+2$

08 $3(4x+5)=4x-1$

09 $-2(2x-3)=5x+3$

10 $-4(5x-2)=-10x-7$

11 $5x=2(2x-4)$

12 $2x-3=3(x-1)$

13 $3x-5=4(2x+5)$

14 $-x+2=3(x-2)$

15 $4x-1=-2(x+5)$

16 $-3x+4=-3(2x-3)$

17 $-4x-6=-3(3x+7)$

18 $3(2x+1)=4(x-3)$

19 $-3(x+2)=2(2x-5)$

20 $-5(2x-4)=-8(x+1)$

21 $2(3x+2)=3(x-1)+10$

22 $5(2x+3)-1=-3(4x-1)$

시험에는 이렇게 나온대.

23 다음 일차방정식 중 해가 가장 큰 것은?

① $5(3x+2)=-20$
② $4(3x-1)=11$
③ $-2(6x-5)=15x-17$
④ $-4x-2=-2(3x-5)$
⑤ $2(3x-4)=3(4x+1)$

ACT 20

계수가 소수인 일차방정식 풀기

스피드 정답 : 04쪽
친절한 풀이 : 23쪽

계수에 소수가 있을 때에는 양변에 10, 100, 1000, …을 곱하여 계수를 정수로 고치고, 식을 간단히 정리한 후 해를 구한다.

❶ 양변에 10, 100, 1000, …을 곱하여 계수를 정수로 만든다.
주의 소수가 아닌 정수에도 10, 100, 1000, …을 곱한다.
❷ 괄호가 있으면 분배법칙을 이용하여 괄호를 푼다.
❸ 항을 이항하여 $ax=b$ $(a\neq 0)$ 꼴로 만든다.
❹ 양변을 x의 계수 a로 나누어 $x=$(수)의 꼴로 해를 구한다.

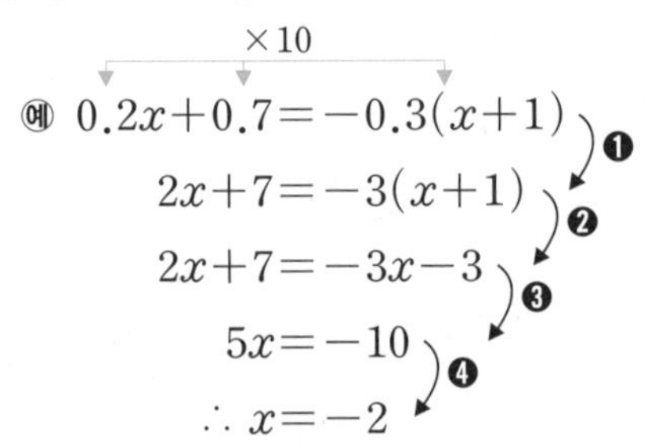

* 다음 일차방정식을 푸시오.

01 $0.3x+0.5=0.2$
$3x+\square=\square$) 양변에 $\square$을 곱한다.
$3x=\square$
$\therefore x=\square$

02 $-0.1x+0.3=0.8$

03 $0.02x-0.04=0.16$
$2x-\square=\square$) 양변에 $\square$을 곱한다.
$2x=\square$
$\therefore x=\square$

04 $-0.05x+0.42=0.02$

05 $0.2x-0.3=0.5x$

06 $0.5x+0.2=0.6x$

07 $0.04x-0.24=-0.02x$

08 $0.3x-0.96=-0.02x$

모든 항에 100을 곱해야 해.

09 $-0.4x+9=-0.1x$

정수에도 똑같이 10을 곱해야 해.

10 $0.05x+15=0.3x$

11 $0.3x-0.6=-0.2x+0.4$

12 $0.1x+0.2=0.3+0.4x$

13 $-0.6-0.5x=-0.7x+0.8$

14 $0.07x-0.26=0.12x+0.84$

15 $-0.8x+0.15=0.9+0.45x$

16 $-0.3x+0.7=5-0.4x$

17 $0.4x-2=0.08x+0.24$

18 $0.3x+0.5=0.2(x-1)$

19 $0.3(2x+1)=0.2x-0.3$

20 $-0.1x+0.4=-3(0.3x-0.2)$

21 $0.4(5x-2)=0.56x-0.32$

22 $0.6x+0.68=0.08(6x-5)$

시험에는 이렇게 나온대.

23 다음 중 일차방정식 $0.4x+2=0.5-0.1x$와 해가 같은 것은?

① $0.2x-0.4=0.1$
② $0.03x+0.12=0.07x$
③ $0.7+0.8x=0.6x-0.3$
④ $0.4(3x-1)=0.5x-0.2$
⑤ $0.3x+0.1=-4(0.2x+0.8)$

ACT 21

계수가 분수인 일차방정식 풀기

스피드 정답 : 04쪽
친절한 풀이 : 24쪽

계수에 분수가 있을 때에는 양변에 분모의 최소공배수를 곱하여 계수를 정수로 고치고, 식을 간단히 정리한 후 해를 구한다.

❶ 양변에 분모의 최소공배수를 곱하여 계수를 정수로 만든다.
❷ 괄호가 있으면 분배법칙을 이용하여 괄호를 푼다.
❸ 항을 이항하여 $ax=b\ (a\neq 0)$ 꼴로 만든다.
❹ 양변을 x의 계수 a로 나누어 $x=$(수)의 꼴로 해를 구한다.

예 $\frac{1}{2}x-\frac{2}{3}=\frac{1}{6}(x-2)$ ($\times 6$) ❶, ❷
$3x-4=x-2$ ❸
$2x=2$ ❹
$\therefore x=1$

* 다음 일차방정식을 푸시오.

01 $\frac{x}{5}=2$

$\frac{x}{5}\times\square=2\times\square$

$\therefore x=\square$

02 $\frac{x}{3}=-1$

03 $-\frac{x}{4}=\frac{1}{2}$

04 $-\frac{x}{2}=-\frac{2}{3}$

05 $\frac{1}{2}x+\frac{1}{3}=\frac{3}{2}$ — 양변에 분모의 최소공배수 $\square$을 곱한다.

$3x+\square=\square$

$3x=\square$

$\therefore x=\square$

06 $-\frac{1}{3}x+\frac{4}{9}=-\frac{5}{6}$

07 $\frac{5}{4}x-\frac{7}{6}=\frac{2}{3}x$

08 $\frac{3}{2}x+1=-\frac{5}{8}x$

09 $\frac{1}{3}x+\frac{3}{4}=\frac{1}{2}x+\frac{2}{3}$) 양변에 □를 곱한다.

$4x+\square=\square x+8$

$\square x=\square$

$\therefore x=\square$

10 $\frac{1}{5}x-2=\frac{1}{4}x+\frac{1}{2}$

11 $-\frac{3}{4}x+\frac{1}{2}=-\frac{1}{6}x-\frac{2}{3}$

12 $-\frac{2}{5}x-\frac{2}{3}=-\frac{1}{2}x-\frac{5}{6}$

13 $\frac{2}{3}x+\frac{1}{2}=\frac{1}{6}+\frac{3}{2}x$

14 $-\frac{1}{4}x+\frac{3}{5}=\frac{1}{4}-\frac{1}{2}x$

15 $\frac{1}{3}x-\frac{1}{5}=\frac{2}{3}(x-1)$) 양변에 □를 곱한다.

$\square-3=10x-\square$

$\square x=\square$

$\therefore x=\square$

16 $\frac{1}{2}x-\frac{1}{2}=\frac{3}{7}(2x+3)$

17 $\frac{5}{6}(x-1)=\frac{1}{4}x+\frac{2}{3}$

18 $-\frac{3}{2}(2x+5)=3-\frac{2}{3}x$

시험에는 이렇게 나온대.

19 일차방정식 $\frac{1}{2}x+\frac{1}{3}=\frac{5}{6}(x+1)$을 풀면?

① $x=-\frac{3}{2}$
② $x=-1$
③ $x=-\frac{1}{3}$
④ $x=\frac{1}{2}$
⑤ $x=\frac{3}{2}$

ACT 22

복잡한 분수의 일차방정식 1

스피드 정답 : 04쪽
친절한 풀이 : 25쪽

식의 꼴이 다를 뿐 계수가 분수인 일차방정식과 같은 방법으로 해를 구한다.

❶ 양변에 분모를 곱하여 계수를 정수로 만든다.
❷ 괄호가 있으면 분배법칙을 이용하여 괄호를 푼다.
❸ 항을 이항하여 $ax=b$ $(a\neq0)$ 꼴로 만든다.
❹ 양변을 x의 계수 a로 나누어 $x=$(수)의 꼴로 해를 구한다.

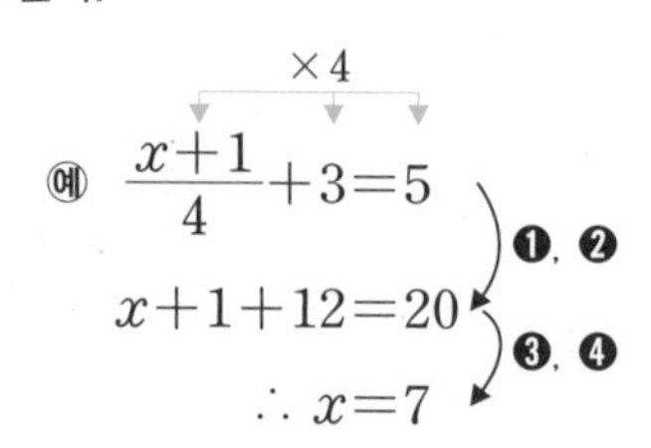

* 다음 일차방정식을 푸시오.

01 $\frac{1}{2}(x-1)=3$

$\square\times\frac{1}{2}(x-1)=3\times\square$

$x-1=\square$

$\therefore x=\square$

02 $\frac{1}{3}(x+2)=-2$

03 $\frac{1}{4}(x+1)=2x$

04 $\frac{1}{5}(6x-7)=-3x$

05 $\frac{x+1}{2}=1$

$\frac{x+1}{2}\times\square=1\times\square$

$x+1=\square$

$\therefore x=\square$

06 $\frac{x-2}{3}=-4$

07 $\frac{x+3}{2}=2x$

08 $\frac{3x-2}{2}=-x$

09 $\frac{x+4}{5}+2=0$

$\left(\frac{x+4}{5}+2\right)\times5=0\times5$

$x+4+$ ☐ $=$ ☐

$\therefore x=$ ☐

10 $\frac{x-3}{2}-5=0$

11 $\frac{2x-1}{3}+7=0$

12 $\frac{x+1}{3}+1=7$

13 $\frac{x-5}{4}-2=-3$

14 $\frac{3x-2}{7}+1=4$

15 $\frac{x+3}{2}+x=0$

16 $\frac{x-5}{8}-2x=0$

17 $\frac{2x-1}{3}-3x=0$

18 $\frac{x+2}{4}+2x=5$

19 $\frac{x-3}{6}-x=7$

20 $\frac{3x-2}{5}-4x=-1$

ACT 23

복잡한 분수의 일차방정식 2

스피드 정답 : 05쪽
친절한 풀이 : 26쪽

식의 꼴이 다를 뿐 계수가 분수인 일차방정식과 같은 방법으로 해를 구한다.

❶ 양변에 분모의 최소공배수를 곱하여 계수를 정수로 만든다.
주의 분수가 아닌 정수에도 분모의 최소공배수를 곱한다.
❷ 괄호가 있으면 분배법칙을 이용하여 괄호를 푼다.
❸ 항을 이항하여 $ax=b(a\neq0)$ 꼴로 만든다.
❹ 양변을 x의 계수 a로 나누어 $x=$(수)의 꼴로 해를 구한다.

예 ($\times10$)
$$\frac{x+1}{5}=\frac{1}{2}x-1$$
❶
$$2(x+1)=5x-10$$
❷
$$2x+2=5x-10$$
❸
$$-3x=-12$$
❹
$$\therefore x=4$$

＊ 다음 일차방정식을 푸시오.

01 $\frac{1}{2}(x-1)=\frac{3}{4}x+1$

$4\times\frac{1}{2}(x-1)=\left(\frac{3}{4}x+1\right)\times4$

$2(x-1)=3x+4$

$2x-\square=3x+4$

$2x-3x=4+\square$

$-x=\square$

$\therefore x=\square$

02 $\frac{1}{3}(x-4)=\frac{5}{2}x-2$

03 $\frac{1}{2}(x-1)=\frac{1}{3}(x+1)$

04 $\frac{1}{3}(x+2)=\frac{1}{4}(x-3)$

05 $\frac{x+2}{2}=\frac{1}{6}x-3$

$6\times\frac{x+2}{2}=\left(\frac{1}{6}x-3\right)\times6$

$3(x+2)=x-18$

$3x+\square=x-18$

$3x-\square=-18-\square$

$\square x=\square$

$\therefore x=\square$

06 $\frac{x-2}{3}=\frac{3}{4}x+1$

07 $\frac{x+1}{2}=\frac{x+1}{5}$

08 $\frac{2x+1}{3}=\frac{3x-1}{2}$

09 $\frac{x-1}{4}+\frac{2x+1}{2}=0$

10 $\frac{x+2}{3}+\frac{x-5}{4}=0$

11 $\frac{x-3}{2}+\frac{x+3}{3}=0$

12 $\frac{x-5}{9}+\frac{x+2}{3}=1$

13 $\frac{x-4}{5}+\frac{x+3}{2}=1$

14 $\frac{x+4}{5}+\frac{3x-1}{4}=1$

15 $\frac{3x-1}{2}+\frac{x-4}{3}=0$

16 $\frac{x+3}{4}-\frac{x+3}{8}=0$

17 $\frac{x-3}{4}-\frac{x-5}{6}=1$

18 $\frac{x-2}{3}-\frac{2x-5}{4}=1$

시험에는 이렇게 나온대.

19 일차방정식 $\frac{2x+1}{6}-\frac{4x-3}{5}=1$을 풀면?

① $x=-1$ ② $x=-\frac{1}{2}$ ③ $x=\frac{1}{2}$

④ $x=1$ ⑤ $x=\frac{3}{2}$

ACT+ 24

필수 유형 훈련

스피드 정답 : 05쪽
친절한 풀이 : 28쪽

유형 1 비례식으로 주어진 일차방정식 풀기

비례식 $a : b = c : d$ 꼴로 주어진 일차방정식은 '외항의 곱은 내항의 곱과 같다.'는 비례식의 성질을 이용하여 방정식으로 바꾸어 푼다.

외항

$a : b = c : d$ ➡ $ad = bc$

내항

01 다음 비례식을 만족시키는 x의 값을 구하시오.

(1) $(5x-3) : (x-1) = 2 : 1$

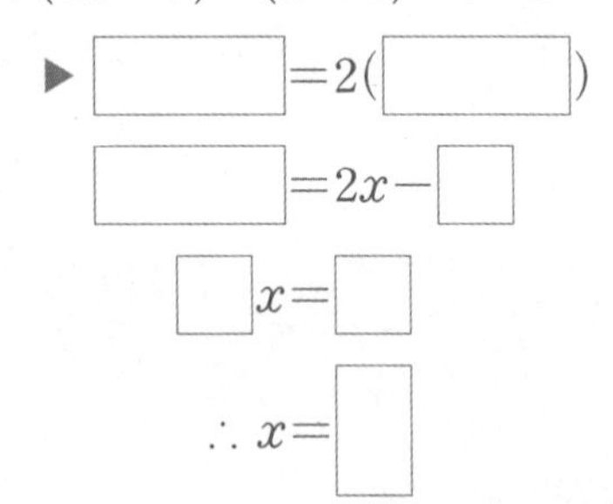

(2) $2 : 3 = 4 : (x+2)$

(3) $(-2x+3) : (x+1) = 1 : 2$

(4) $(-4x-3) : (-3x+1) = 3 : 2$

(5) $4 : (x-1) = 3 : 2x$

02 비례식 $(5x-1) : (3x+1) = 3 : 2$를 만족시키는 x의 값은?

① 1 ② 3 ③ 5
④ 7 ⑤ 9

03 비례식 $2(x+1) : 3 = (x-4) : 4$를 만족시키는 x의 값을 구하시오.

04 비례식 $2x : 1 = \left(\frac{1}{2}x+1\right) : 2$를 만족시키는 x의 값은?

① $\frac{1}{7}$ ② $\frac{2}{7}$ ③ $\frac{3}{7}$
④ $\frac{4}{7}$ ⑤ $\frac{5}{7}$

유형 2 해가 주어질 때 상수 구하기

- 일차방정식의 해가 $x=$●일 때, 주어진 방정식에 $x=$●를 대입하면 등식이 성립한다.
- 두 일차방정식의 해가 같을 때, 한 일차방정식의 해를 다른 일차방정식에 대입하면 등식이 성립한다.

Skill

해가 주어지면 일단 대입부터 하자.

x에 대한 일차방정식 $x+a=5$의 해가 $x=3$이면

❶ x 대신 3을 넣고, ❷ a에 대한 일차방정식을 풀면 돼.

$\underset{\uparrow \atop 3}{x}+a=5$ ➡ $3+a=5$ ➡ $a=5-3=2$

05 다음 x에 대한 일차방정식의 해가 $x=2$일 때, 상수 a의 값을 구하시오.

(2) $ax+2=-4$

06 다음 [ ] 안의 수가 주어진 x에 대한 일차방정식의 해일 때, 상수 a의 값을 구하시오.

(1) $3x+a=-4$ $[-2]$

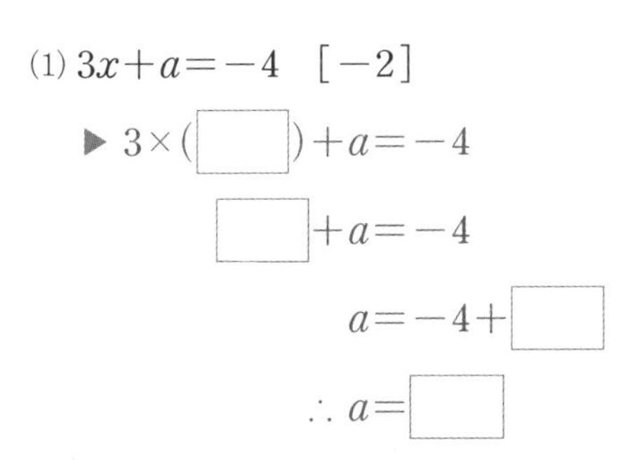

(2) $ax+1=3x-a$ $\left[\frac{1}{2}\right]$

07 x에 대한 일차방정식 $3x=4-ax$의 해가 $x=-2$일 때, 상수 a의 값을 구하시오.

08 x에 대한 두 일차방정식 $2x-5=-x+4$, $x-2a=4x-3$의 해가 서로 같을 때, 상수 a의 값을 구하려고 한다. 다음 물음에 답하시오.

(1) 방정식 $2x-5=-x+4$의 해를 구하시오.

(2) (1)의 해를 방정식 $x-2a=4x-3$에 대입하여 상수 a의 값을 구하시오.

09 x에 대한 두 일차방정식 $3x+4=x-8$, $2x-1=ax+5$의 해가 서로 같을 때, 상수 a의 값은?

① 1 ② 2 ③ 3
④ 4 ⑤ 5

10 다음 x에 대한 두 일차방정식의 해가 서로 같을 때, 상수 a의 값을 구하시오.

$$\frac{1}{2}x+1=\frac{2}{3}x-3$$
$$ax-8=2(x-4)$$

ACT 25

일차방정식 세우기

스피드 정답 : 05쪽
친절한 풀이 : 28쪽

미지수 정하기 문제의 뜻을 파악하고, 구하려는 값을 미지수 x로 놓는다.

⬇

방정식 세우기 문제의 뜻에 맞게 x에 대한 일차방정식을 세운다.

＊ 다음 문장을 등식으로 나타내시오.

01 미주는 공책이 6권 있었는데 체육대회 상품으로 x권을 받아서 11권이 되었다.

▶ ________________ $=11$

02 어떤 수 x에 10을 더한 수는 어떤 수 x의 3배와 같다.

▶ ________________

03 가로의 길이가 6 cm, 세로의 길이가 x cm인 직사각형의 둘레의 길이는 30 cm이다.

▶ ________________

04 윗변의 길이가 x cm, 아랫변의 길이가 9 cm이고, 높이가 7 cm인 사다리꼴의 넓이는 56 cm^2이다.

▶ ________________

05 자동차가 시속 50 km의 속력으로 x시간 동안 달린 거리는 150 km이다.

▶ ________________

06 사탕 40개를 7명에게 x개씩 나누어 주었더니 5개가 남았다.

▶ ________________

07 큰 수는 작은 수 x보다 9만큼 크고, 두 수의 합은 25이다.

▶ ________________

08 한 개에 800원인 사과 5개와 한 개에 500원인 귤 x개의 가격은 7000원이다.

▶ ________________

※ 문장을 보고 어떤 수를 x로 하는 방정식을 세우고, 답을 구하시오.

09 어떤 수와 4의 합은 -16이다.
(x)

▶ 방정식 : $x+\square=-16$

10 어떤 수에서 9를 빼면 -13이다.

▶ 방정식 : ______________________

11 어떤 수에 15를 더하면 어떤 수의 3배보다 7만큼 작다.

▶ 방정식 : ______________________

12 어떤 수의 2배에서 5를 뺀 수는 어떤 수의 4배보다 9만큼 크다.

▶ 방정식 : ______________________

13 어떤 수보다 10만큼 큰 수를 2로 나누면 어떤 수의 5배와 같다.

▶ 방정식 : ______________________

14 현재 어머니의 나이는 39살, 예지의 나이는 11살이다. 어머니의 나이가 예지의 나이의 3배가 되는 것은 몇 년 후인지 구하시오.

▶

	어머니	예지
현재 나이(살)	39	11
x년 후 나이(살)		

방정식 : $39+\square=3(11+\square)$

15 현재 이모의 나이는 32살, 성희의 나이는 14살이다. 이모의 나이가 성희의 나이의 2배가 되는 것은 몇 년 후인지 구하시오.

▶ 방정식 : ______________________

16 현재 할아버지의 나이는 70살, 진한이의 나이는 16살이다. 할아버지의 나이가 진한이의 나이의 4배가 되는 것은 몇 년 후인지 구하시오.

▶ 방정식 : ______________________

ACT+ 26

필수 유형 훈련

스피드 정답 : 05쪽
친절한 풀이 : 29쪽

유형 1 연속하는 세 수

• 연속하는 세 정수
➡ x, $x+1$, $x+2$ 또는 $x-1$, x, $x+1$
• 연속하는 세 짝수(홀수)
➡ x, $x+2$, $x+4$ 또는 $x-2$, x, $x+2$

Skill

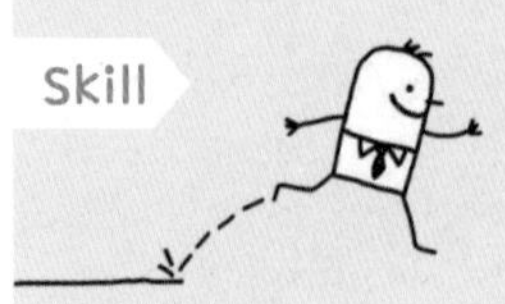

연속하는 세 정수는 1씩 차이나고,
연속하는 세 짝수(홀수)는 2씩 차이나.

01 연속하는 세 자연수의 합이 15일 때, 물음에 답하시오.

(1) 가운데 자연수를 x라고 할 때, 연속하는 세 자연수를 x를 사용하여 나타내시오.

________, x, ________

(2) 방정식을 세우시오.

____

(3) 방정식을 푸시오.

(4) 세 자연수를 구하시오.

02 연속하는 세 자연수의 합이 24일 때, 세 자연수 중 가장 작은 수를 구하시오.

▶ 방정식 : ________________

03 연속하는 세 짝수의 합이 30일 때, 세 짝수 중 가장 큰 수를 구하시오.

▶ 방정식 : ________________

유형 2 자리의 수

십의 자리의 숫자가 a, 일의 자리의 숫자가 b인 두 자리 자연수 ➡ $10a+b$

Skill

십의 자리의 숫자에는 10을 곱해야 함을 잊지 말자.
십의 자리의 숫자가 a, 일의 자리의 숫자가 b인 자연수 ➡ ab (×), 10a+b (○)

04 십의 자리의 숫자가 2인 두 자리 자연수가 있다. 이 자연수의 십의 자리의 숫자와 일의 자리의 숫자를 바꾼 수는 처음 수보다 45만큼 크다고 할 때, 물음에 답하시오.

(1) 처음 수의 일의 자리의 숫자를 x라고 할 때, 처음 수와 바꾼 수를 x를 사용하여 나타내시오.

처음 수 : ________________

바꾼 수 : ________________

(2) 방정식을 세우시오.

____

(3) 방정식을 푸시오.

(4) 처음 수를 구하시오.

05 일의 자리의 숫자가 4인 두 자리 자연수가 있다. 이 자연수의 십의 자리의 숫자와 일의 자리의 숫자를 바꾼 수는 처음 수보다 18만큼 작다고 할 때, 처음 수를 구하시오.

▶ 방정식 : ________________

유형 3 도형의 둘레의 길이와 넓이

도형의 둘레의 길이 또는 넓이에 대한 공식을 이용하여 방정식을 세운다.

- (직사각형의 둘레의 길이) $=2\times\{$(가로의 길이) $+$ (세로의 길이)$\}$
- (직사각형의 넓이) $=$ (가로의 길이) $\times$ (세로의 길이)
- (사다리꼴의 넓이) $=\frac{1}{2}\times\{$(윗변의 길이) $+$ (아랫변의 길이)$\}\times$ (높이)

Skill 둘레의 길이가 a인 직사각형은 (가로의 길이)+(세로의 길이)$=\frac{a}{2}$로 식을 세울 수 있지!

06 둘레의 길이가 40 cm이고 가로의 길이가 세로의 길이보다 4 cm 더 긴 직사각형이 있다. 물음에 답하시오.

(1) 직사각형의 세로의 길이를 x cm라고 할 때, 가로의 길이를 x를 사용하여 나타내시오.

(2) 방정식을 세우시오.

____

(3) 방정식을 푸시오.

(4) 직사각형의 세로의 길이를 구하시오.

07 가로의 길이가 8 cm이고, 둘레의 길이가 26 cm인 직사각형의 세로의 길이를 구하시오.

▶ 방정식 : ____________________

08 밑변의 길이가 9 cm이고, 넓이가 27 cm^2인 삼각형의 높이를 구하시오.

▶ 방정식 : ____________________

09 세로의 길이가 가로의 길이보다 3 cm 더 긴 직사각형이 있다. 이 직사각형의 둘레의 길이가 34 cm일 때, 가로의 길이를 구하시오.

▶ 방정식 : ____________________

10 높이가 8 cm이고, 넓이가 48 cm^2인 사다리꼴이 있다. 이 사다리꼴의 아랫변의 길이가 윗변의 길이보다 2 cm 더 길 때, 윗변의 길이를 구하시오.

▶ 방정식 : ____________________

11 가로의 길이가 12 cm, 세로의 길이가 9 cm인 직사각형에서 가로의 길이를 4 cm 줄이고, 세로의 길이를 x cm 늘였더니 넓이가 96 cm^2가 되었다. 이때 x의 값을 구하시오.

▶ 방정식 : ____________________

필수 유형 훈련

스피드 정답 : 05쪽
친절한 풀이 : 29쪽

유형 1 합이 일정할 때 두 수 구하기

- A, B의 개수의 합이 a개인 경우 ➡ A의 개수를 x개라고 하면 B의 개수는 $(a-x)$개
- A와 B의 개수의 합이 a개이고, 전체 금액이 C인 경우 ➡ $(\text{A의 가격})\times x+(\text{B의 가격})\times(a-x)=\text{C}$

Skill

A, B 각각의 개수는 주어지지 않고 총합만 주어지는 경우가 많아.
이럴 때에는 A, B 중 하나의 수를 x개로 놓고 나머지는 {(총합)−x}개로 놓으면 돼.

01 한 개에 900원인 지우개와 한 개에 500원인 자를 합하여 10개를 사서 총 7400원이 되게 하려고 한다. 지우개와 자를 각각 몇 개씩 사야 하는지 구하려고 할 때, 물음에 답하시오.

(1) 지우개를 x개 산다고 하면 자는 몇 개 사야 하는지 x를 사용하여 나타내시오.

(2) 방정식을 세우시오.

▶ $\square\, x+500(\square)=7400$

(3) 방정식을 푸시오.

(4) 지우개와 자를 각각 몇 개씩 사야 하는지 구하시오.

지우개 : ________개, 자 : ________개

02 한 개에 1000원인 사과와 한 개에 1400원인 배를 합하여 10개를 사서 총 12000원이 되게 하려고 한다. 사과와 배는 각각 몇 개씩 사야 하는지 구하시오.

▶ 방정식 : ____________________

03 어떤 농구 선수가 2점짜리 슛과 3점짜리 슛을 합하여 13개를 넣어 30점을 득점하였다. 이 선수는 2점짜리 슛을 몇 개 넣었는지 구하시오.

▶ 방정식 : ____________________

04 어느 농장에서 돼지와 닭을 합하여 총 32마리를 키우고 있다. 돼지와 닭의 다리의 수를 합하면 80개일 때, 닭은 몇 마리인지 구하시오.

▶ 방정식 : ____________________

05 한 자루에 750원인 연필과 한 자루에 950원인 색연필을 합하여 10자루를 사고 10000원을 내었더니 거스름돈으로 1100원을 받았다. 연필과 색연필은 각각 몇 자루씩 샀는지 구하시오.

▶ 방정식 : ____________________

유형 2 남거나 모자랄 때 물건의 수 구하기

사람들에게 물건을 나누어 주는 경우 ➡ 사람 수를 x로 놓고

(남는 경우 물건의 수)=(모자라는 경우 물건의 수)

임을 이용하여 방정식을 세운다.

Skill 나누어 주는 방법이 달라져도 물건의 전체 개수는 변하지 않아. 이것을 이용해서 방정식을 세우자.

06 학생들에게 사탕을 나누어 주는데 한 학생에게 4개씩 나누어 주면 3개가 남고, 5개씩 나누어 주면 2개가 부족하다고 한다. 학생 수와 사탕의 개수를 구하려고 할 때, 물음에 답하시오.

(1) 학생 수를 x명이라고 할 때, 사탕의 개수를 x를 사용하여 나타내시오.

① 한 학생에게 4개씩 나누어 주면 3개가 남으므로 ➡ (　　　　)개

② 한 학생에게 5개씩 나누어 주면 2개가 부족하므로 ➡ (　　　　)개

(2) 방정식을 세우시오.

____

(3) 방정식을 푸시오.

(4) 학생 수와 사탕의 개수를 구하시오.

학생 수 : ________ 명

사탕의 개수 : ________ 개

07 학생들에게 딱지를 나누어 주는데 한 학생에게 5개씩 나누어 주면 8개가 남고, 6개씩 나누어 주면 4개가 부족하다고 한다. 학생은 모두 몇 명인지 구하시오.

▶ 방정식 : ________________

08 학생들에게 연필을 나누어 주는데 한 학생에게 7자루씩 나누어 주면 5자루가 남고, 8자루씩 나누어 주면 6자루가 부족하다고 한다. 연필은 모두 몇 자루인지 구하시오.

▶ 방정식 : ________________

09 어느 제과점에서 도넛을 상자에 담아 상자 단위로 판매하려고 한다. 도넛을 한 상자에 6개씩 담으면 3개가 남고, 7개씩 담으면 2개가 부족하다고 한다. 이때 준비한 상자와 도넛의 개수를 각각 구하시오.

▶ 방정식 : ________________

10 학생들에게 초콜릿을 나누어 주는데 5개씩 나누어 주면 4개가 남고, 7개씩 나누어 주면 12개가 부족하다고 한다. 6개씩 나누어 주면 몇 개가 부족한지 구하시오.

▶ 방정식 : ________________

ACT+ 28

필수 유형 훈련

스피드 정답 : 05쪽
친절한 풀이 : 30쪽

유형 1 속력이 변할 때 거리 구하기

각 구간을 다른 속력으로 이동할 때 전체 걸린 시간이 주어지면 구하는 거리를 x로 놓고
(갈 때 걸린 시간)+(올 때 걸린 시간)=(전체 걸린 시간)으로 식을 세운다.

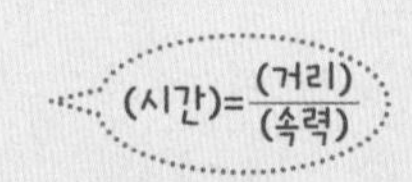

Skill

왕복인데 갈 때, 올 때 속력이 다르면? 거리를 x로 둔다!

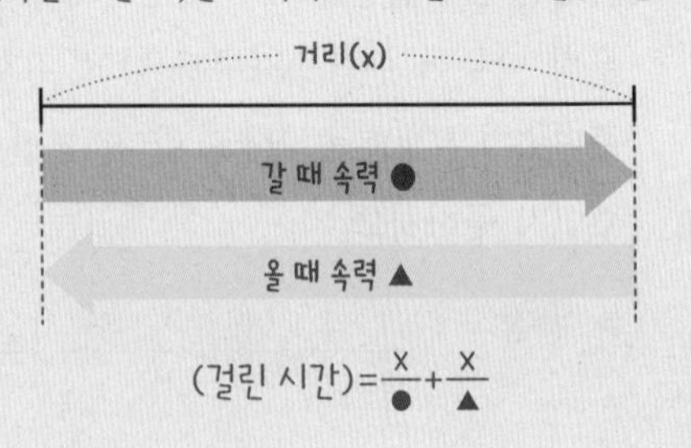

중간에 속력이 바뀌면? 처음 속력으로 간 거리를 x로 둔다!

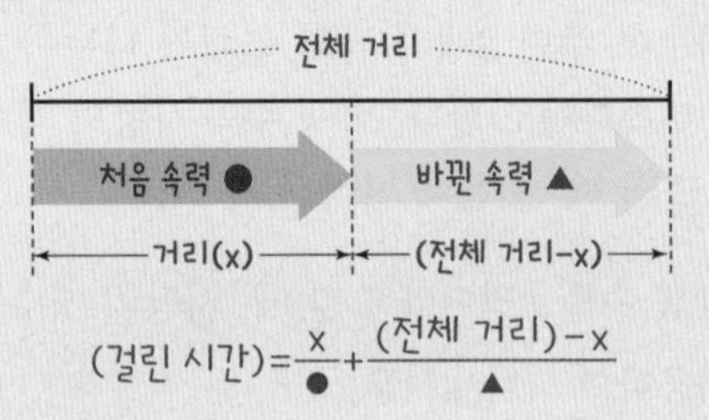

01 예서네 가족은 등산을 하는데 올라갈 때는 시속 2 km로 걷고, 내려올 때는 같은 코스를 시속 3 km로 걸어서 모두 5시간이 걸렸다. 표를 완성하고, 등산 코스의 거리를 구하시오.

	올라갈 때	내려올 때
속력	시속 2 km	시속 3 km
거리	x km	
시간	$\frac{x}{2}$시간	

▶ 방정식 : $\frac{x}{\square}+\frac{x}{\square}=5$

02 홍주는 공원의 두 지점 A, B 사이를 왕복하는데 갈 때는 시속 6 km로 자전거를 타고 가고, 올 때는 시속 4 km로 걸어서 모두 100분이 걸렸다. 두 지점 A, B 사이의 거리를 구하시오.

▶ 방정식 : ____________________

식을 세울 때 시간의 단위를 통일해야 함을 잊지마.

03 두 지점 A, B 사이의 거리가 3 km이다. A 지점에서 출발하여 B 지점까지 가는데 시속 3 km로 가다가 늦을 것 같아 시속 4 km로 갔더니 50분이 걸렸다. 표를 완성하고, 시속 3 km로 간 거리를 구하시오.

	시속 3 km	시속 4 km
거리	x km	
시간	$\frac{x}{3}$시간	

▶ 방정식 : $\frac{x}{\square}+\frac{\square}{4}=\frac{\square}{60}$

04 석현이가 집에서 약수터까지 가는데 처음에는 분속 80 m로 걷다가 도중에 분속 200 m로 달렸더니 총 16분이 걸렸다. 집에서 약수터까지의 거리가 2 km일 때, 석현이가 분속 200 m로 달린 거리를 구하시오.

▶ 방정식 : ____________________

유형 2 소금물의 농도(1)

• (처음 소금물의 소금의 양)
=(물을 더 넣거나 증발시킨 후 소금물의 소금의 양)

• (소금의 양)$=\dfrac{(\text{농도 \%})}{100}\times$(소금물의 양)

Skill 물을 더 넣거나 증발시켜도 소금의 양은 그대로야. 이 사실을 이용하여 방정식을 세워 보자.

05 10 %의 소금물 500 g에 몇 g의 물을 더 넣으면 8 %의 소금물이 되는지 구하시오.

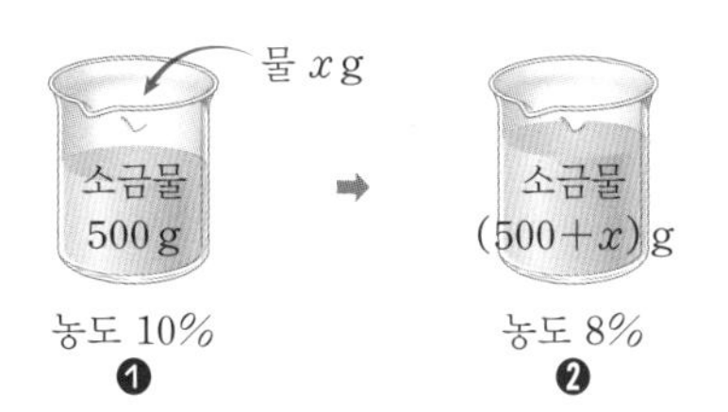

❶ 물을 더 넣기 전의 소금의 양

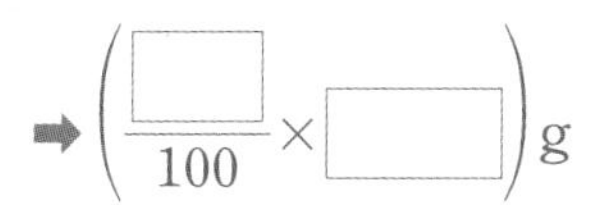

❷ 물 x g을 더 넣은 후의 소금의 양

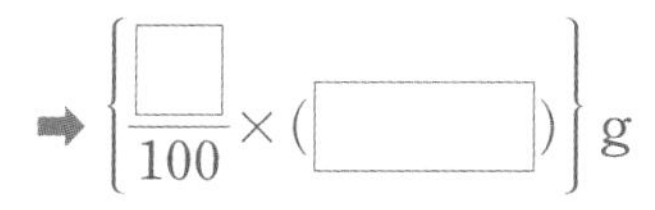

▶ 방정식 : $\dfrac{\square}{100}\times\square=\dfrac{\square}{100}\times(\square)$

06 30 %의 소금물 200 g에서 몇 g의 물을 증발시키면 50 %의 소금물이 되는지 구하시오.

▶ 방정식 : ______________________

유형 3 소금물의 농도(2)

(섞기 전 두 소금물의 소금의 양의 합)
=(섞은 후 소금물의 소금의 양)

Skill 소금물의 농도 문제를 풀 때는 소금의 양에 대한 방정식을 세우면 돼.

07 8 %의 소금물 200 g과 15 %의 소금물을 섞었더니 10 %의 소금물이 되었다. 이때 15 %의 소금물은 몇 g 섞었는지 구하시오.

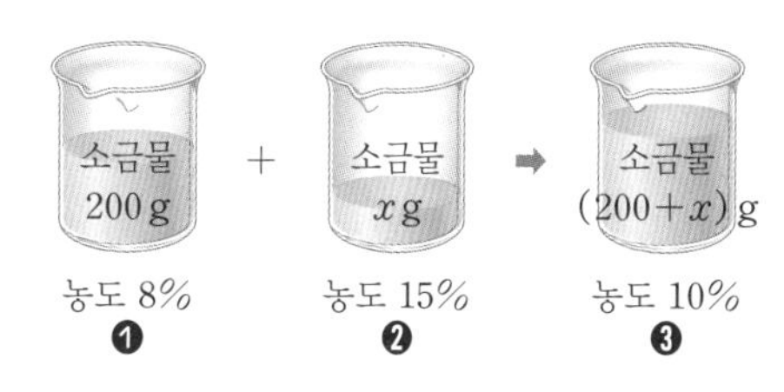

❶ 8 %의 소금물 200 g에 들어 있는 소금의 양

➡ $\left(\dfrac{\square}{100}\times\square\right)$g

❷ 15 %의 소금물 x g에 들어 있는 소금의 양

➡ $\left(\dfrac{\square}{100}\times x\right)$g

❸ 10 %의 소금물에 들어 있는 소금의 양

➡ $\left\{\dfrac{\square}{100}\times(\square)\right\}$g

▶ 방정식 : ______________________

08 10 %의 설탕물 300 g과 6 %의 설탕물을 섞었더니 8 %의 설탕물이 되었다. 이때 6%의 설탕물은 몇 g 섞었는지 구하시오.

▶ 방정식: ______________________

TEST 06

단원 평가

01 다음 중 항등식을 모두 고른 것은?

㉠ $5x-3=2x$	㉡ $3x+1>2$
㉢ $2x+6=2(x+3)$	㉣ $4x-5y$
㉤ $5a+1=-3$	㉥ $7x-x=6x$

① ㉠, ㉢ ② ㉠, ㉥ ③ ㉡, ㉢
④ ㉢, ㉥ ⑤ ㉤, ㉥

02 다음 중 옳은 것을 모두 고르면? (정답 2개)

① $a=b$이면 $a+c=b-c$이다.
② $a=b$이면 $-a=-b$이다.
③ $a=b$이면 $a\div 0=b\div 0$이다.
④ $a-c=b-c$이면 $a=b$이다.
⑤ $\frac{a}{2}=\frac{b}{3}$이면 $2a=3b$이다.

03 다음 중 일차방정식은?

① $2x-1$ ② $\frac{3}{x}+1=3$
③ $x-2y=4$ ④ $2(x+1)=-2x+2$
⑤ $x^2-3x=x-4$

04 다음 중 이항을 바르게 한 것을 모두 고르면? (정답 2개)

① $4x+1=3 \Rightarrow 4x=3-1$
② $3x-2=-8 \Rightarrow 3x=8+2$
③ $6x=10-x \Rightarrow 6x+10=-x$
④ $2x-1=-x+5 \Rightarrow 2x+x=5-1$
⑤ $-5x+3=2x-4 \Rightarrow 3+4=2x+5x$

05 다음 중 등식의 성질 '$a=b$이면 $ac=bc$이다.'를 이용한 것은?

① $-x+6=10 \Rightarrow -x=4$
② $2x-\frac{1}{3}=1 \Rightarrow 2x=\frac{4}{3}$
③ $4x+3=5x-2 \Rightarrow -x=-5$
④ $\frac{3}{2}x=-6 \Rightarrow 3x=-12$
⑤ $5x-4=-1 \Rightarrow 5x=3$

06 일차방정식 $4x=8x+2$를 풀면?

① $x=-1$ ② $x=-\frac{1}{2}$ ③ $x=0$
④ $x=\frac{1}{2}$ ⑤ $x=1$

＊ 다음 일차방정식을 푸시오. (07 ~ 10)

07 $3(x-1)=4x-5$

08 $-0.5(2-x)=0.2(3x-4)$

09 $\frac{x}{5}-\frac{2}{3}=-\frac{1}{3}x+2$

10 $\frac{x+1}{4}+\frac{2x-3}{2}=1$

* 점수 *

스피드 정답 : 06쪽
친절한 풀이 : 30쪽

11 다음 일차방정식 중 해가 $x=3$인 것은?

① $0.2x-0.1=0.4x-0.5$
② $x+1=10-2x$
③ $3(x-1)=-2(-2x+1)$
④ $\frac{x}{2}-\frac{1}{3}=-1$
⑤ $2-\{3(x+1)-2\}=-2x$

12 비례식 $(2x-6):(x+4)=3:2$를 만족시키는 x의 값을 구하시오.

13 x에 대한 두 일차방정식 $\frac{1}{3}(x-2)=\frac{x-1}{4}$, $ax+3=-x+a$의 해가 같을 때, 상수 a의 값을 구하시오.

14 성준이의 형은 성준이보다 5cm 더 크고, 두 형제의 키의 평균은 150cm이다. 두 형제의 키를 구하는 방정식을 바르게 나타낸 것은?

① $2x+5=150$ ② $2x-5=150$
③ $\frac{x+(x+5)}{2}=150$ ④ $\frac{x+(x-5)}{2}=300$
⑤ $x+(x+5)=75$

15 연속하는 세 홀수의 합이 45일 때, 가장 큰 수를 구하시오.

16 가로의 길이가 6 cm, 세로의 길이가 4 cm인 직사각형에서 가로의 길이를 x cm, 세로의 길이를 2 cm 늘였더니 그 넓이가 처음 넓이의 3배가 되었다. 이때 x의 값을 구하시오.

17 은지 어머니는 한 포기에 1000원인 배추와 한 개에 800원인 무를 합하여 20개를 사서 총 18200원을 지불하였다. 배추는 모두 몇 포기를 샀는지 구하시오.

18 학생들에게 공책을 나누어 주는데 한 학생에게 5권씩 나누어 주면 4권이 남고, 6권씩 나누어 주면 5권이 부족하다고 한다. 공책은 모두 몇 권인지 구하시오.

19 시언이가 산을 올라갈 때는 시속 2 km로 걷고, 내려올 때는 같은 코스를 시속 5 km로 걸어서 모두 3시간 30분이 걸렸다. 시언이가 등산한 코스의 왕복 거리를 구하시오.

20 15 %의 설탕물 400 g이 있다. 여기에 몇 g의 물을 더 넣으면 10 %의 설탕물이 되는지 구하시오.

쉬어 가기

스도쿠 게임

* 게임 규칙

❶ 모든 가로줄, 세로줄에 각각 1에서 9까지의 숫자를 겹치지 않게 배열한다.

❷ 가로, 세로 3칸씩 이루어진 9칸의 격자 안에도 1에서 9까지의 숫자를 겹치지 않게 배열한다.

2	5				3		9	1
3		9				7	2	
		1			6	3		
				6	8			3
	1			4				
6		3					5	
1	3	2					7	
					4		6	
7	6	4		1				

답

2	5	6	4	7	3	8	9	1
3	4	9	8	5	1	7	2	6
8	7	1	9	2	6	3	4	5
4	2	7	5	6	8	9	1	3
9	1	5	3	4	2	6	8	7
6	8	3	1	9	7	2	5	4
1	3	2	6	8	5	4	7	9
5	9	8	7	3	4	1	6	2
7	6	4	2	1	9	5	3	8

Chapter Ⅶ

좌표평면과 그래프

keyword

순서쌍, 좌표평면, 사분면, 대칭인 점의 좌표, 그래프

정비례 관계, 정비례 관계식, 반비례, 반비례 관계식

VISUAL IDEA 5

좌표와 그래프

V 좌표평면 "수직선 2개로 만드는 평면"

직선 위의 점은 수직선에 나타내고, 평면 위의 점은 수직선 2개를 수직으로 교차시켜 표현해. 수직선 3개가 되면 공간좌표! 고등학교에서 배워.

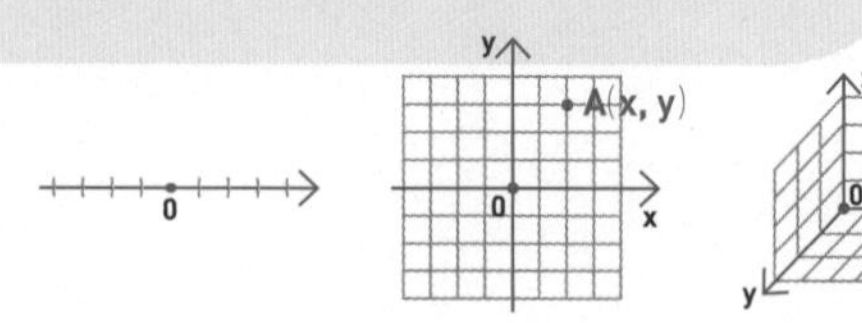

▶ **좌표축** 수직으로 만나는 두 수직선
가로선 → x축, 세로선 → y축

원점 두 축이 만나는 점 ➡ 좌표 (0, 0)

사분면 좌표축으로 나누어지는 네 부분
오른쪽 위에서부터 시계 반대 방향으로 제1사분면, 제2사분면, 제3사분면, 제4사분면이라고 한다.

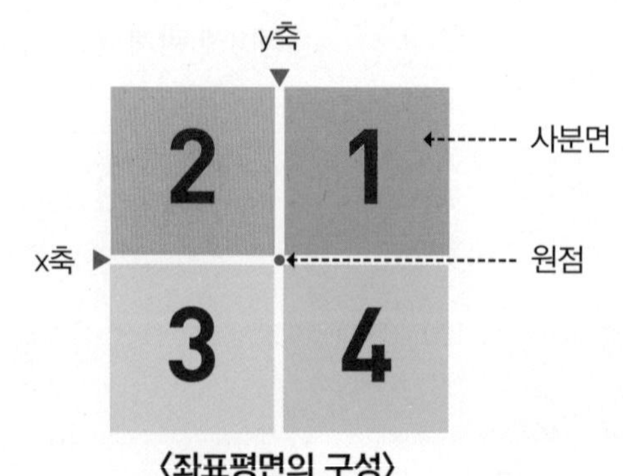

〈좌표평면의 구성〉

▶ **점의 좌표**

x축 방향의 위치와 y축 방향의 위치 순서로 나타낸다.
➡ 좌표 (x, y)

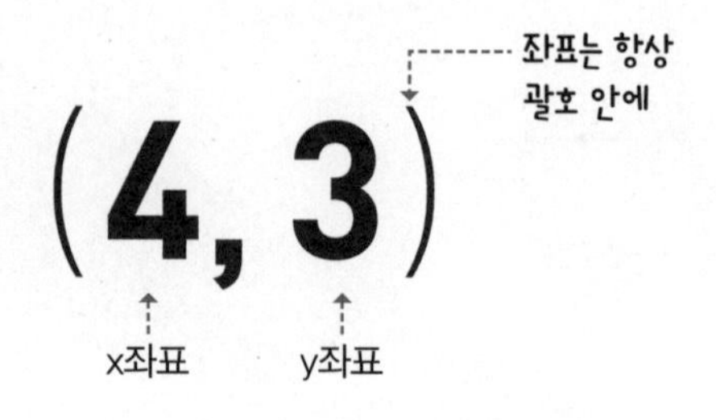

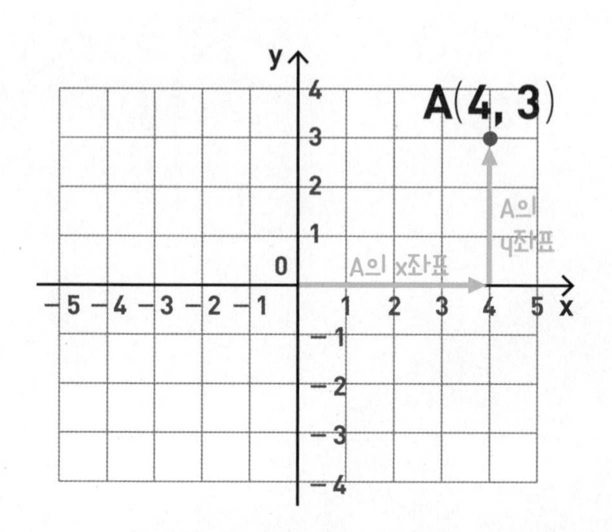

V 여러 가지 그래프

"그래프 모양이 어떻게 변하니?"

그래프만 잘 살펴도 x의 값이 증가할 때 y의 값이 어떻게 달라지는지 알 수 있다.

증가하는 그래프

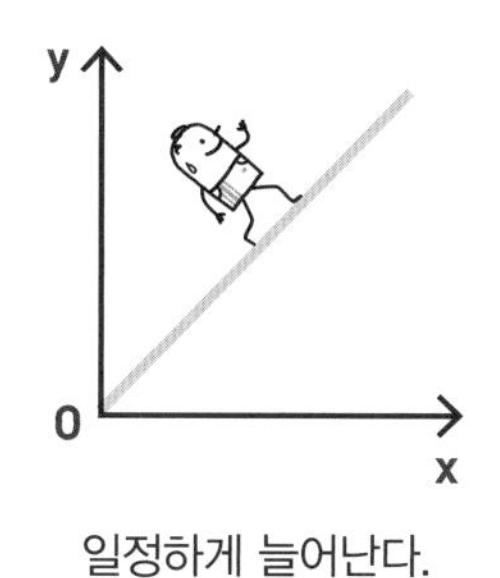

일정하게 늘어난다.

점점 느리게 증가한다.

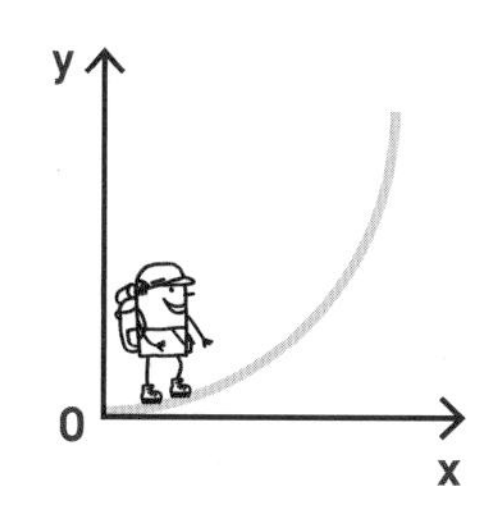

점점 빠르게 증가한다.

감소하는 그래프

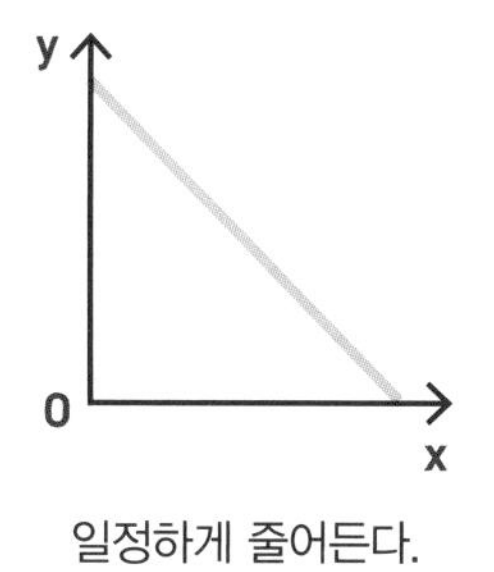

일정하게 줄어든다.

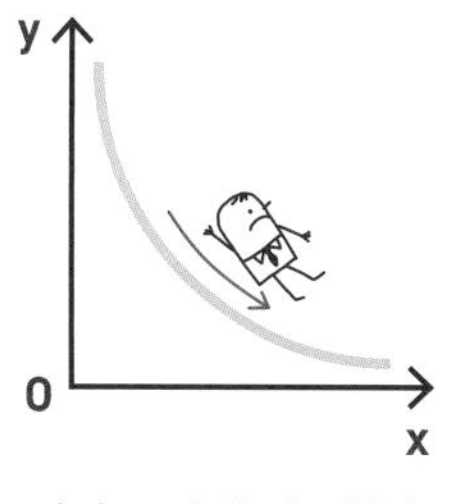

점점 느리게 감소한다.

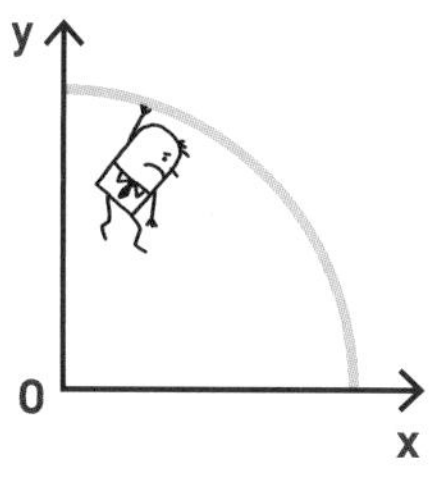

점점 빠르게 감소한다.

중간에 변화하는 그래프

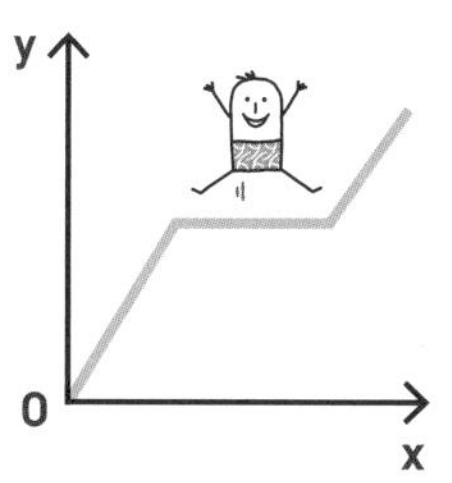

일정하게 늘어나지만 중간에 늘어나지 않는 구간이 있다.

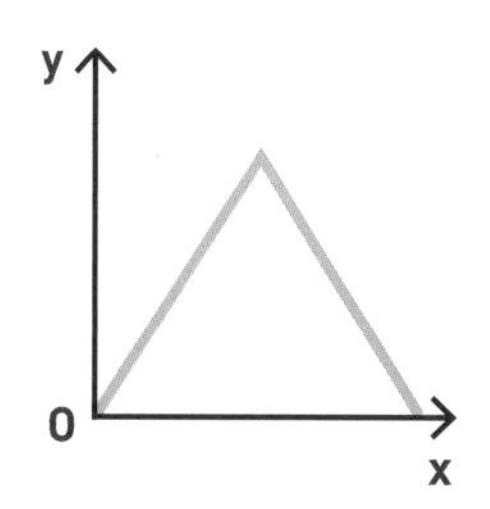

일정하게 늘어나다가 일정하게 감소한다.

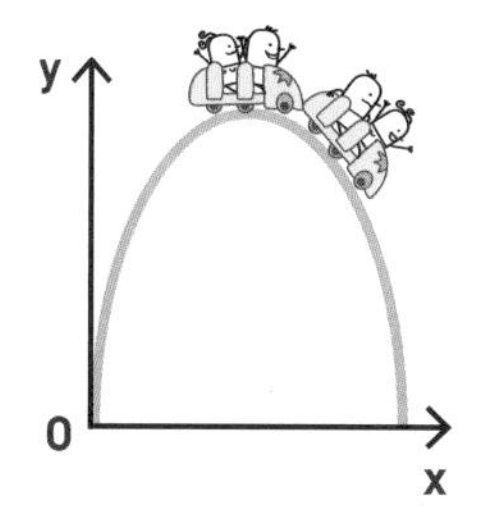

점점 느리게 증가하다가 점점 빠르게 감소한다.

위도와 경도

지구상의 위치를 나타낼 때 좌표를 사용해요. 가로선들은 위도를, 세로선들은 경도를 나타냅니다. 원점은 위도 0°인 적도와 경도 0°인 그리니치 자오선이 만나는 곳이 되지요. 대서양의 기니 만에 위치하고 있어요.

우리나라를 지구상의 좌표로 찾아보면 대략 위도 40°, 경도 125°에 위치하고 있습니다.

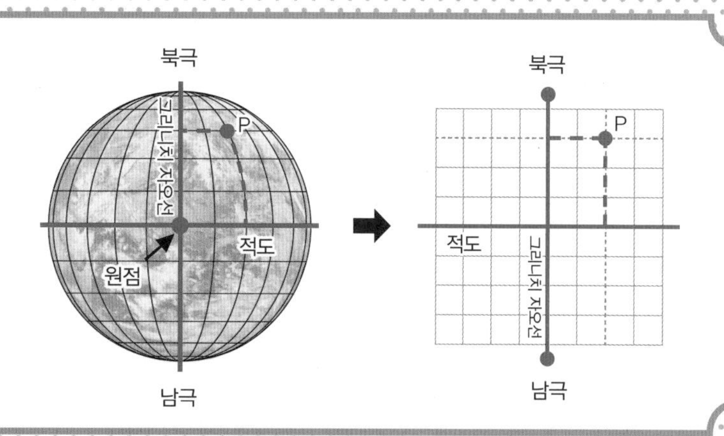

ACT 29

수직선과 좌표평면

스피드 정답 : 06쪽

수직선 위의 점의 좌표

수직선 위의 한 점에 대응하는 수

➡ 점 P의 좌표가 a일 때, P(a)로 나타낸다.

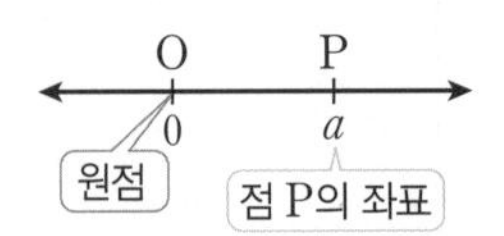

좌표평면

두 수직선이 점 O에서 서로 수직으로 만날 때

- x축 : 가로의 수직선 ┐ ➡ 좌표축
- y축 : 세로의 수직선 ┘
- 원점 : x축과 y축이 만나는 점 O
- 좌표평면 : 좌표축이 정해져 있는 평면

좌표평면 위의 점의 좌표

좌표평면 위의 한 점 P에서 x축, y축에 각각 수선을 내려 x축, y축과 만나는 점에 대응하는 수가 각각 a, b일 때,

점 P의 좌표 ➡ P(a, b)

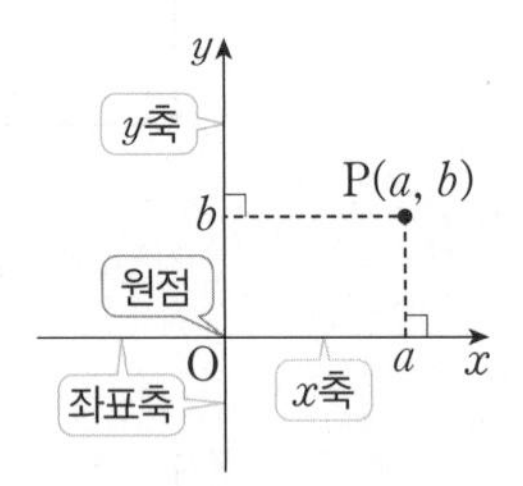

* 다음 수직선 위의 점의 좌표를 기호로 나타내시오.

01

A, B, C: −4 −3 −2 −1 0 1 2 3 4

A(　), B(　), C(　)

02

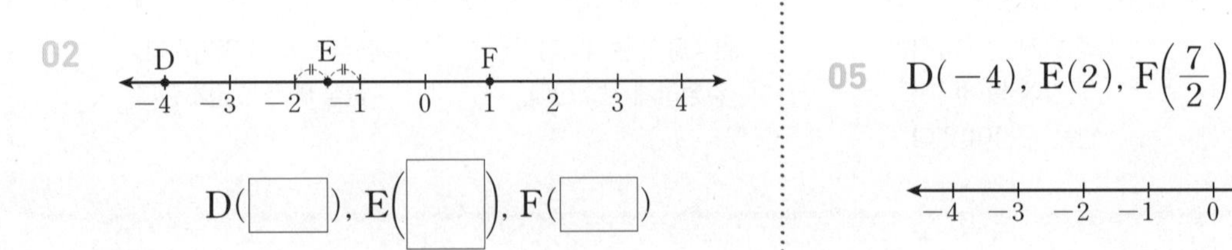

D(　), E(　), F(　)

03

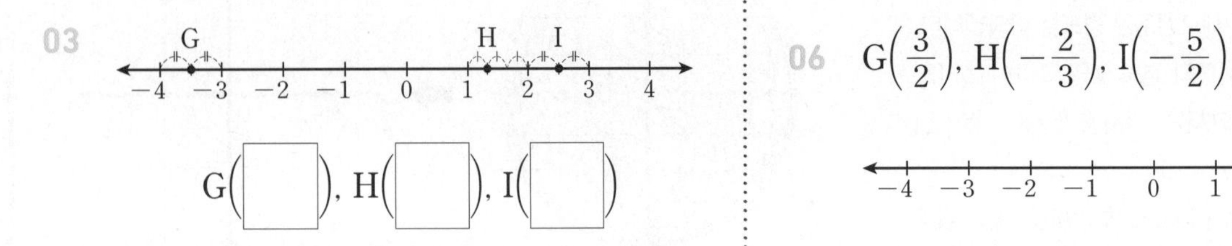

G(　), H(　), I(　)

* 다음 점을 수직선 위에 나타내시오.

04 A(3), B(−1), C(0)

−4 −3 −2 −1 0 1 2 3 4

수직선 위에 점을 나타낼 때, 양수는 0의 오른쪽에, 음수는 0의 왼쪽에 나타내야 해.

05 D(−4), E(2), F$\left(\frac{7}{2}\right)$

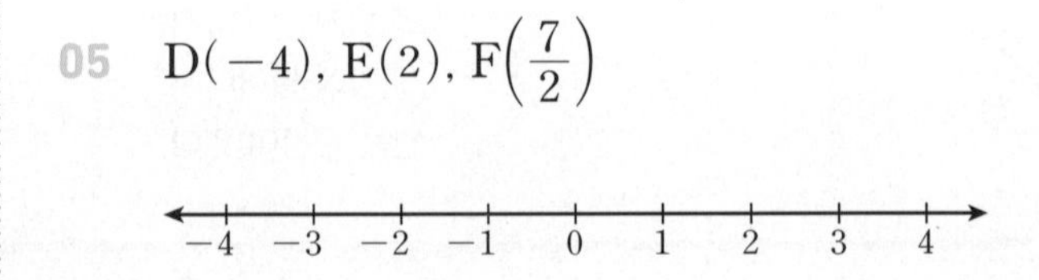

06 G$\left(\frac{3}{2}\right)$, H$\left(-\frac{2}{3}\right)$, I$\left(-\frac{5}{2}\right)$

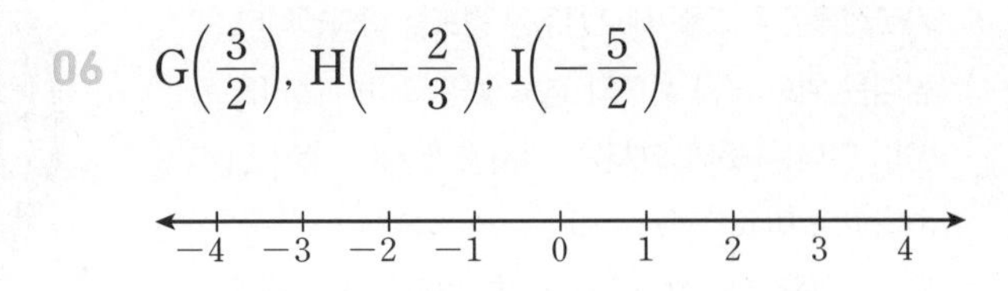

＊ 다음 좌표평면 위의 점의 좌표를 기호로 나타내시오.

07

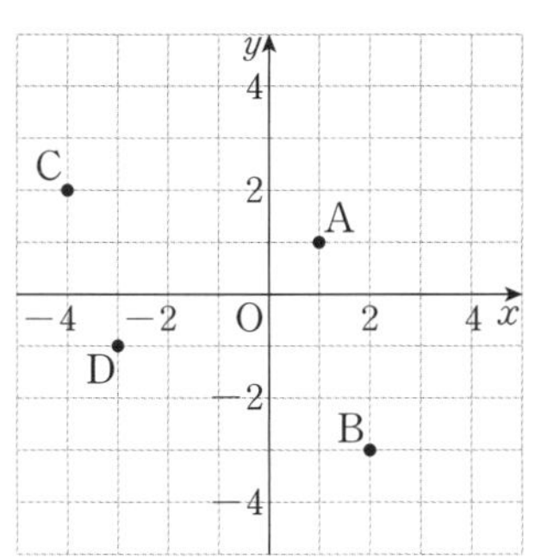

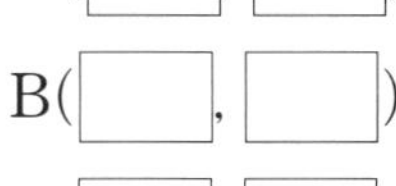

A(☐ , ☐)

B(☐ , ☐)

C(☐ , ☐)

D(☐ , ☐)

08

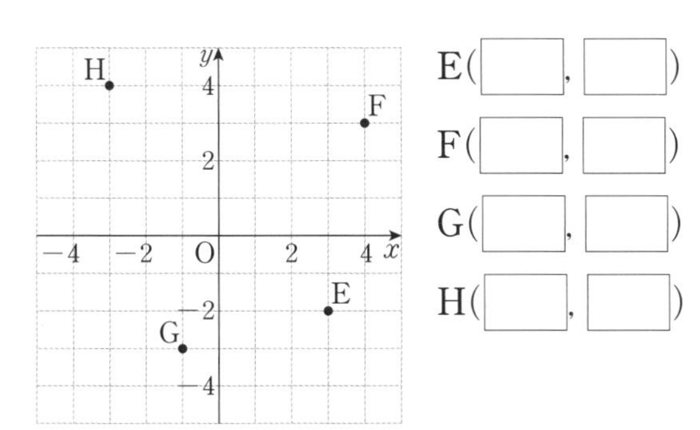

09

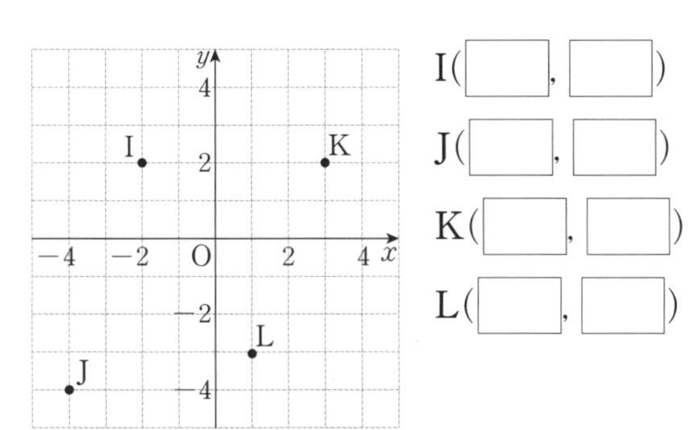

＊ 다음 점을 좌표평면 위에 나타내시오.

10 A(2, 3)
B(4, −1)
C(−2, −2)
D(−1, 2)

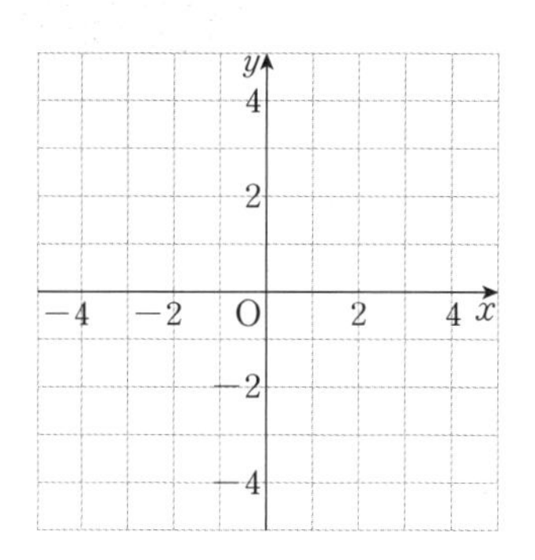

11 E(3, −4)
F(−4, −3)
G(3, 1)
H(−3, 3)

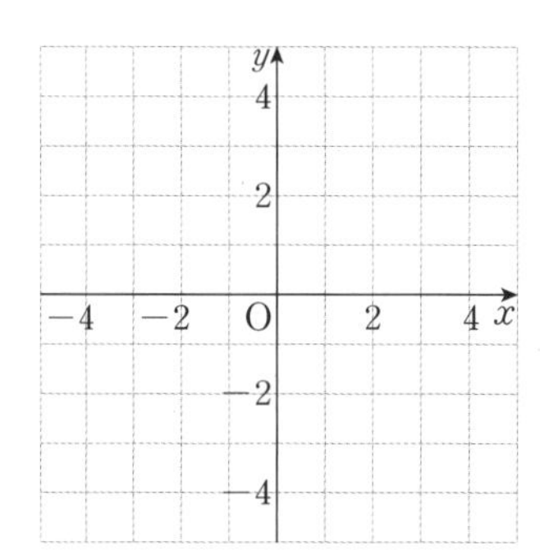

12 I(−4, 1)
J(1, 2)
K(3, −3)
L(−2, −4)

ACT 30

좌표평면 위의 점의 좌표

스피드 정답 : 06쪽
친절한 풀이 : 32쪽

순서쌍

순서를 생각하여 두 수를 괄호 안에 짝 지어 나타낸 것 **주의** $a \neq b$일 때, $(a, b) \neq (b, a)$

좌표평면 위의 점의 좌표

좌표평면 위의 한 점 P에서 x축, y축에 각각 수선을 내려 x축, y축과 만나는 점에 대응하는 수가 각각 a, b일 때, 순서쌍 (a, b)를 점 P의 좌표라 하고, $\mathrm{P}(a, b)$로 나타낸다.

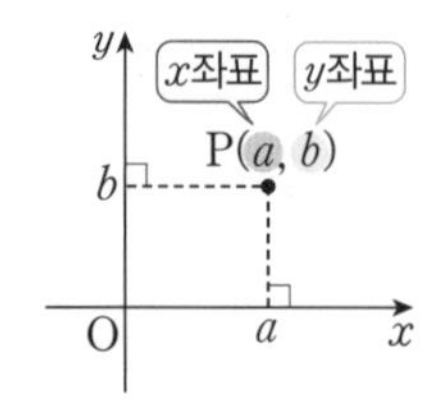

좌표축 위의 점의 좌표

- x축 위의 점의 좌표 ➡ y좌표가 항상 0이다. ➡ (x좌표, 0)
- y축 위의 점의 좌표 ➡ x좌표가 항상 0이다. ➡ (0, y좌표)

＊ 좌표평면 위의 점의 좌표가 다음과 같을 때, x좌표와 y좌표를 각각 구하시오.

01 A(2, 4) ➡ x좌표 : ☐, y좌표 : ☐

순서쌍에서 앞에 있는 수가 x좌표, 뒤에 있는 수가 y좌표!

02 B(3, −1) ➡ x좌표 : ☐, y좌표 : ☐

03 C(−5, 6) ➡ x좌표 : ☐, y좌표 : ☐

04 D(−8, −3) ➡ x좌표 : ☐, y좌표 : ☐

05 E(7, −2) ➡ x좌표 : ☐, y좌표 : ☐

06 F(−9, 10) ➡ x좌표 : ☐, y좌표 : ☐

＊ 다음 점의 좌표를 구하시오.

07 x좌표가 5이고, y좌표가 3인 점 A

x좌표를 앞에, y좌표를 뒤에!

08 x좌표가 −2이고, y좌표가 −6인 점 B

09 x좌표가 4이고, y좌표가 −8인 점 C

10 x좌표가 −3이고, y좌표가 1인 점 D

11 x좌표가 −7이고, y좌표가 −9인 점 E

12 x좌표가 10이고, y좌표가 −5인 점 F

* 다음 점의 좌표를 구하고, 좌표평면 위에 나타내시오.

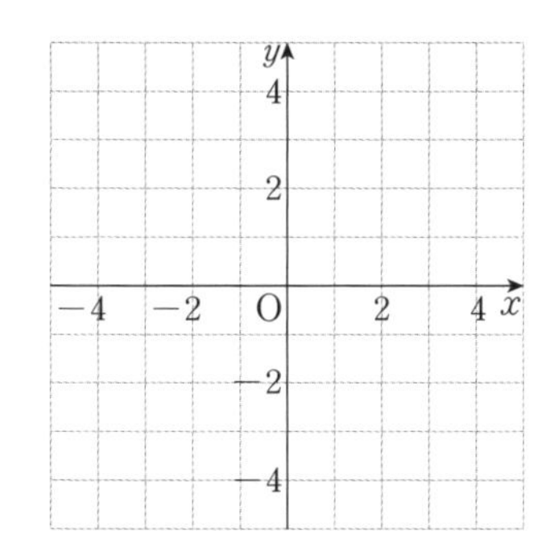

13 x좌표가 4이고, y좌표가 0인 점 A

14 x좌표가 -3이고, y좌표가 0인 점 B

15 x축 위에 있고, x좌표가 -1인 점 C

x축 위에 있는 점은 y좌표가 0

16 x축 위에 있고, x좌표가 2인 점 D

* 다음 점의 좌표를 구하고, 좌표평면 위에 나타내시오.

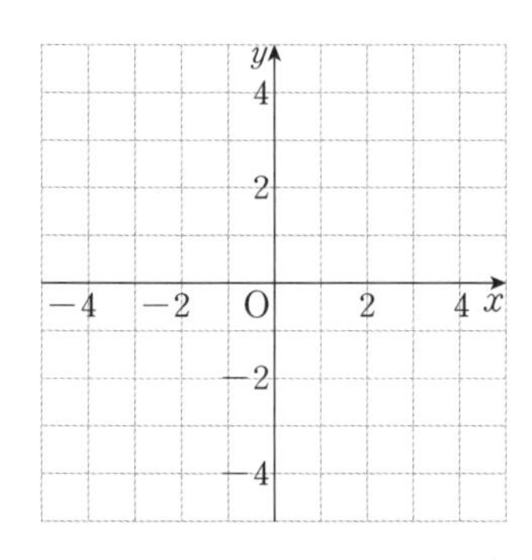

17 x좌표가 0이고, y좌표가 2인 점 E

18 x좌표가 0이고, y좌표가 -4인 점 F

19 y축 위에 있고, y좌표가 1인 점 G

y축 위에 있는 점은 x좌표가 0

20 y축 위에 있고, y좌표가 -3인 점 H

* 다음 점이 x축 위의 점일 때, a의 값을 구하시오.

21 $(a-1,\ a+1)$

▶ x축 위의 점은 y좌표가 ☐이므로

$a+1=$☐ $\therefore a=$☐

22 $(a+3,\ a-5)$

23 $(2a+1,\ 2a-3)$

24 $(2a-6,\ 4a+8)$

* 다음 점이 y축 위의 점일 때, a의 값을 구하시오.

25 $(a-2,\ a+4)$

▶ y축 위의 점은 x좌표가 ☐이므로

$a-2=$☐ $\therefore a=$☐

26 $(a+6,\ a+7)$

27 $(3a+9,\ 2a-4)$

28 $(2a-10,\ 4a+6)$

ACT 31

사분면 위의 점

스피드 정답 : 06쪽
친절한 풀이 : 32쪽

사분면 좌표축에 의하여 네 부분으로 나누어지는 좌표평면의 각 부분을 제1사분면, 제2사분면, 제3사분면, 제4사분면이라고 한다.

각 사분면 위의 점의 좌표의 부호

좌표평면 위의 점 $P(a, b)$에 대하여 제1사분면 위의 점 : $a>0$, $b>0$ ➡ $(+, +)$

제2사분면 위의 점 : $a<0$, $b>0$ ➡ $(-, +)$

제3사분면 위의 점 : $a<0$, $b<0$ ➡ $(-, -)$

제4사분면 위의 점 : $a>0$, $b<0$ ➡ $(+, -)$

주의 좌표축 위의 점은 어느 사분면에도 속하지 않는다.

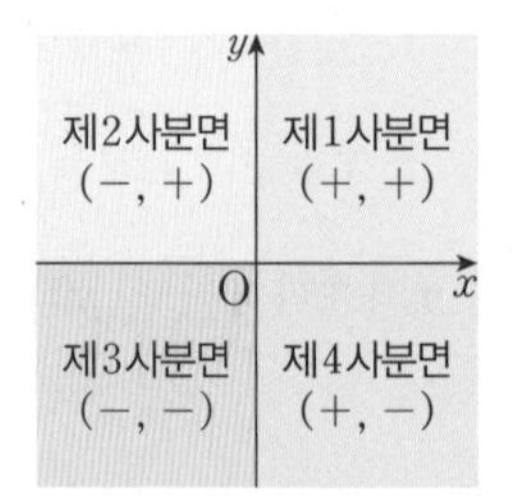

＊ 다음 점을 좌표평면 위에 나타내고, 제몇 사분면 위의 점인지 구하시오.

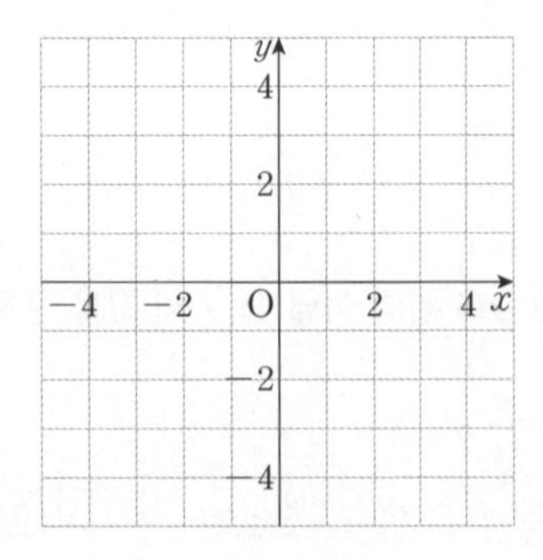

01 $A(-1, 1)$

02 $B(2, 0)$

03 $C(4, -2)$

04 $D(-3, -3)$

05 $E(1, 4)$

06 $F(0, -1)$

07 다음 중 제2사분면 위의 점을 모두 고르시오.

$A(2, 5)$	$B(-6, 1)$
$C(3, -3)$	$D(0, -2)$
$E(-1, 4)$	$F(-5, -6)$

제2사분면 위의 점 ➡ $(-, +)$

08 다음 중 제4사분면 위의 점을 모두 고르시오.

$A(-3, 2)$	$B(6, 0)$
$C(8, -4)$	$D(-10, -2)$
$E(5, 7)$	$F(4, -3)$

제4사분면 위의 점 ➡ $(+, -)$

09 다음 중 어느 사분면에도 속하지 않는 점을 모두 고르시오.

$A(3, 3)$	$B(2, -6)$
$C(-1, 2)$	$D(-5, -0)$
$E(0, 0)$	$F(-4, -4)$

어느 사분면에도 속하지 않는 점
➡ 원점, x축, y축 위의 점

* **$a>0$, $b>0$일 때, 다음 점은 제몇 사분면 위의 점인지 구하시오.**

10 $(a, -b)$ ➡ $(+, \square)$ ➡ 제$\square$사분면

11 $(-a, b)$ ➡ $(\square, \square)$ ➡ 제$\square$사분면

12 $(-a, -b)$ ➡ $(\square, \square)$ ➡ 제$\square$사분면

13 $(a+b, -b)$ ➡ $(\square, \square)$ ➡ 제$\square$사분면

14 (a, ab) ➡ $(\square, \square)$ ➡ 제$\square$사분면

* **$a>0$, $b<0$일 때, 다음 점은 제몇 사분면 위의 점인지 구하시오.**

15 (a, b) ➡ $(+, \square)$ ➡ 제$\square$사분면

16 $(-a, b)$ ➡ $(\square, \square)$ ➡ 제$\square$사분면

17 $(-a, -b)$ ➡ $(\square, \square)$ ➡ 제$\square$사분면

18 $(ab, -a)$ ➡ $(\square, \square)$ ➡ 제$\square$사분면

19 $(3a, -3b)$ ➡ $(\square, \square)$ ➡ 제$\square$사분면

* **점 (a, b)가 제2사분면 위의 점일 때, 다음 점은 제몇 사분면 위의 점인지 구하시오.**

점 (a, b)가 제2사분면 위의 점이면 $a \bigcirc 0$, $b \bigcirc 0$

20 $(-a, b)$ ➡ $(\square, \square)$ ➡ 제$\square$사분면

21 $(a, -b)$ ➡ $(\square, \square)$ ➡ 제$\square$사분면

22 $(-a, -b)$ ➡ $(\square, \square)$ ➡ 제$\square$사분면

23 (b, a) ➡ $(\square, \square)$ ➡ 제$\square$사분면

24 $(-a, a-b)$ ➡ $(\square, \square)$ ➡ 제$\square$사분면

25 (ab, b) ➡ $(\square, \square)$ ➡ 제$\square$사분면

26 $\left(b, -\frac{a}{b}\right)$ ➡ $(\square, \square)$ ➡ 제$\square$사분면

시험에는 이렇게 나온대.

27 점 (a, b)가 제3사분면 위의 점일 때, 점 $(a+b, ab)$는 제몇 사분면 위의 점인지 구하시오.

대칭인 점의 좌표

스피드 정답 : 07쪽
친절한 풀이 : 32쪽

좌표평면 위의 점 $P(a, b)$에 대하여

- x축에 대하여 대칭인 점의 좌표 ➡ $(a, -b)$ ← y좌표의 부호가 반대
- y축에 대하여 대칭인 점의 좌표 ➡ $(-a, b)$ ← x좌표의 부호가 반대
- 원점에 대하여 대칭인 점의 좌표 ➡ $(-a, -b)$ ← x좌표, y좌표의 부호가 모두 반대

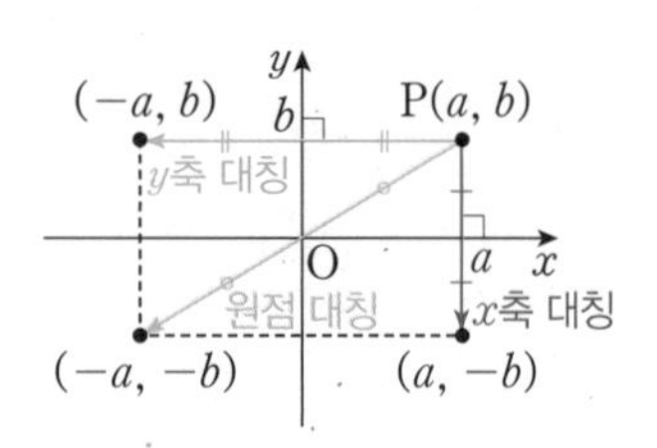

＊ 점 $P(4, 2)$에 대하여 다음 점을 좌표평면 위에 나타내고, 좌표를 구하시오.

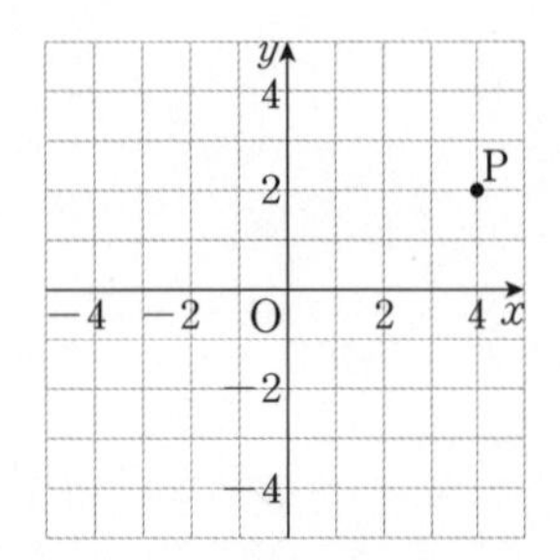

01 x축에 대하여 대칭인 점 Q

02 y축에 대하여 대칭인 점 R

03 원점에 대하여 대칭인 점 S

＊ 점 $P(-2, 3)$에 대하여 다음 점을 좌표평면 위에 나타내고, 좌표를 구하시오.

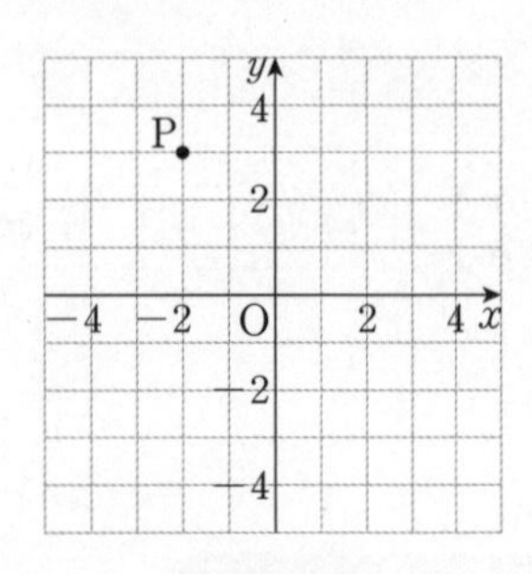

04 x축에 대하여 대칭인 점 Q

05 y축에 대하여 대칭인 점 R

06 원점에 대하여 대칭인 점 S

＊ 점 $P(-1, 5)$에 대하여 다음 점의 좌표를 구하시오.

07 x축에 대하여 대칭인 점 Q

08 y축에 대하여 대칭인 점 R

09 원점에 대하여 대칭인 점 S

＊ 점 $P(6, -4)$에 대하여 다음 점의 좌표를 구하시오.

10 x축에 대하여 대칭인 점 Q

11 y축에 대하여 대칭인 점 R

12 원점에 대하여 대칭인 점 S

＊ 점 $P(-3, -7)$에 대하여 다음 점의 좌표를 구하시오.

13 x축에 대하여 대칭인 점 Q

14 y축에 대하여 대칭인 점 R

15 원점에 대하여 대칭인 점 S

* 다음 두 점 P, Q가 x축에 대하여 대칭일 때, a, b의 값을 각각 구하시오.

16 $\mathrm{P}(a, 2)$, $\mathrm{Q}(-4, b)$

x축에 대하여 대칭!
➡ y좌표의 부호만 반대!

17 $\mathrm{P}(3, a)$, $\mathrm{Q}(b, -5)$

18 $\mathrm{P}(a-1, -1)$, $\mathrm{Q}(6, b)$

* 다음 두 점 P, Q가 y축에 대하여 대칭일 때, a, b의 값을 각각 구하시오.

19 $\mathrm{P}(a, 1)$, $\mathrm{Q}(-7, b)$

y축에 대하여 대칭!
➡ x좌표의 부호만 반대!

20 $\mathrm{P}(-1, a)$, $\mathrm{Q}(b, -2)$

21 $\mathrm{P}(8, a)$, $\mathrm{Q}(2b, -5)$

* 다음 두 점 P, Q가 원점에 대하여 대칭일 때, a, b의 값을 각각 구하시오.

22 $\mathrm{P}(a, 3)$, $\mathrm{Q}(-1, b)$

원점에 대하여 대칭!
➡ x좌표, y좌표의 부호 모두 반대!

23 $\mathrm{P}(-4, a)$, $\mathrm{Q}(b, 2)$

24 $\mathrm{P}(a+2, -9)$, $\mathrm{Q}(5, 3b)$

* 점 $\mathrm{A}(3, 2)$에 대하여 다음 물음에 답하시오.

25 x축에 대하여 대칭인 점 B의 좌표를 구하시오.

26 y축에 대하여 대칭인 점 C의 좌표를 구하시오.

27 세 점 A, B, C를 꼭짓점으로 하는 삼각형 ABC를 좌표평면 위에 나타내시오.

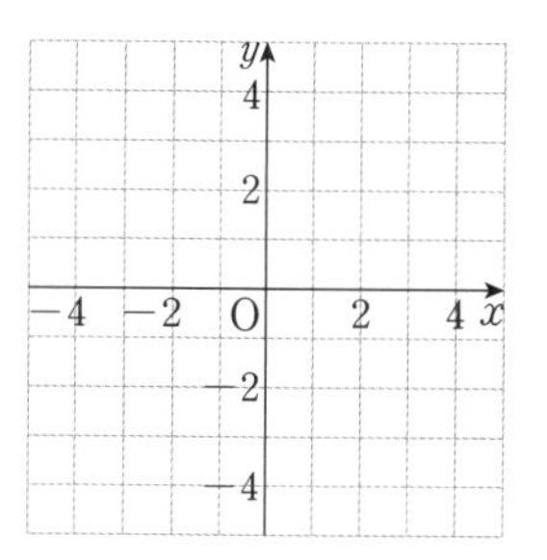

28 점 $\mathrm{P}(-2, -4)$와 y축에 대하여 대칭인 점을 Q, 원점에 대하여 대칭인 점을 R라고 할 때, 삼각형 PQR를 좌표평면 위에 나타내시오.

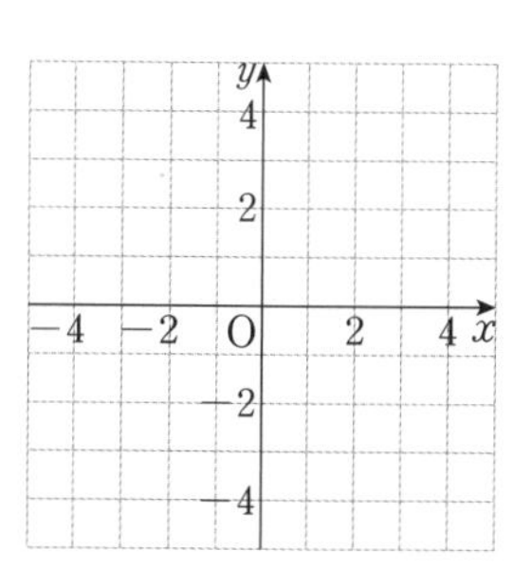

시험에는 이렇게 나온대.

29 두 점 $\mathrm{A}(a+1, -3)$, $\mathrm{B}(4, b-2)$가 x축에 대하여 대칭일 때, $a+b$의 값을 구하시오.

ACT 33

그래프 해석하기

스피드 정답 : 07쪽
친절한 풀이 : 32쪽

변수

x, y와 같이 변하는 값을 나타내는 문자

그래프

주어진 자료나 상황을 좌표평면 위에 점, 직선, 곡선 등의 그림으로 나타낸 것

그래프의 이해

두 양 사이의 관계를 좌표평면 위에 그래프로 나타내면 두 양 사이의 변화 관계를 알아보기 쉽다.

참고

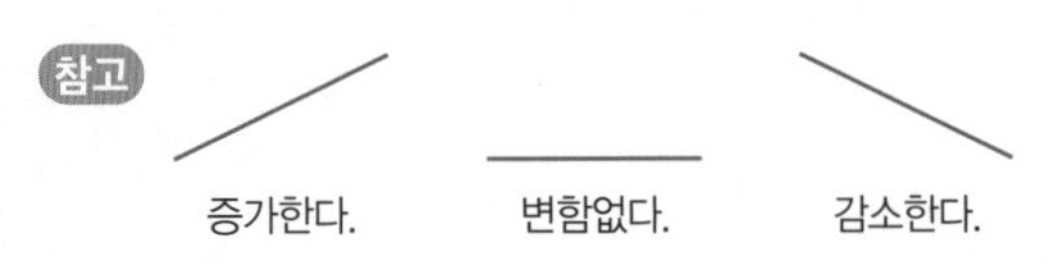

*** 한 변의 길이가 x cm인 정사각형의 둘레의 길이를 y cm라고 할 때, 다음 물음에 답하시오.**

01 표의 빈칸을 채우시오.

x(cm)	1	2	3	4	5
y(cm)					

02 **01**의 표에서 얻어지는 순서쌍 (x, y)를 구하시오.

03 **02**의 순서쌍 (x, y)를 좌표로 하는 점을 아래 좌표평면 위에 나타내시오.

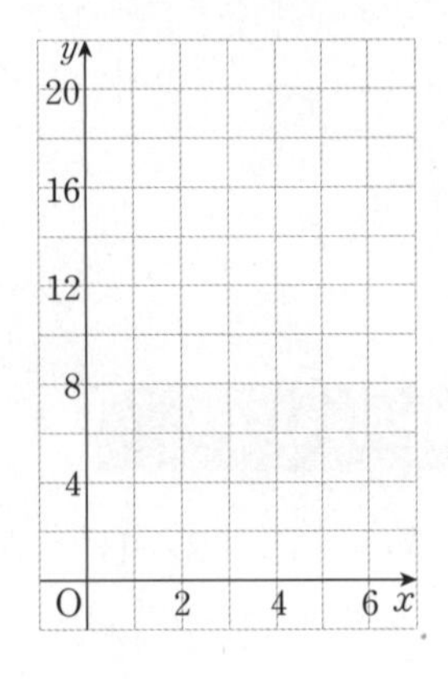

*** 어떤 자동차가 1 L의 휘발유로 10 km를 갈 수 있다고 한다. 이 자동차가 x L의 휘발유로 갈 수 있는 거리를 y km라고 할 때, 다음 물음에 답하시오.**

04 표의 빈칸을 채우시오.

x(L)	1	2	3	4	5
y(km)					

05 **04**의 표에서 얻어지는 순서쌍 (x, y)를 구하시오.

06 **05**의 순서쌍 (x, y)를 좌표로 하는 점을 아래 좌표평면 위에 나타내시오.

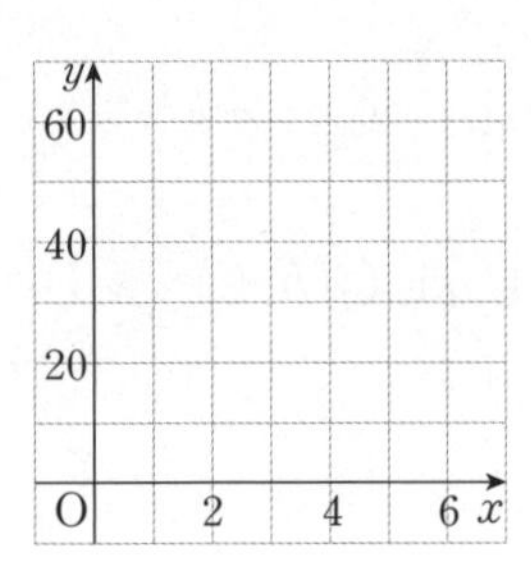

* 다음 중 오른쪽 그림과 같은 두 변수 x와 y 사이의 관계를 나타낸 그래프에 대한 설명으로 옳은 것에는 ○표, 옳지 않은 것에는 ×표를 하시오.

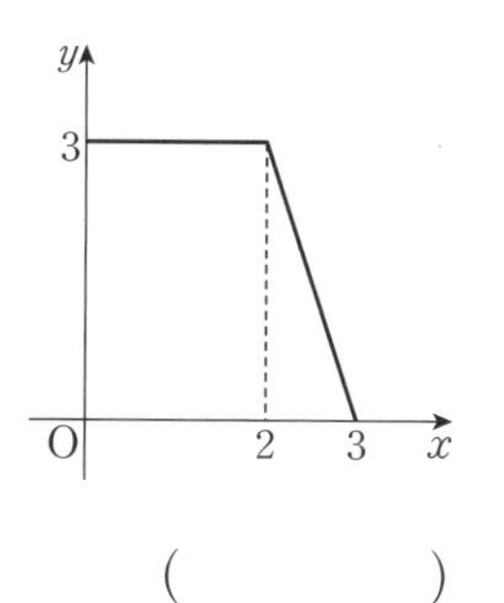

07 원점을 지난다. ( )

08 $x=2$일 때, $y=3$이다. ( )

09 x의 값이 증가할 때 y의 값은 감소한다. ( )

10 x의 값이 2에서 3까지 증가할 때 y의 값은 3에서 0까지 감소한다. ( )

* 오른쪽 그림은 끓는 물을 식히기 시작한 지 x분 후의 물의 온도를 y°C라고 할 때, x와 y 사이의 관계를 그래프로 나타낸 것이다. 다음 물음에 답하시오.

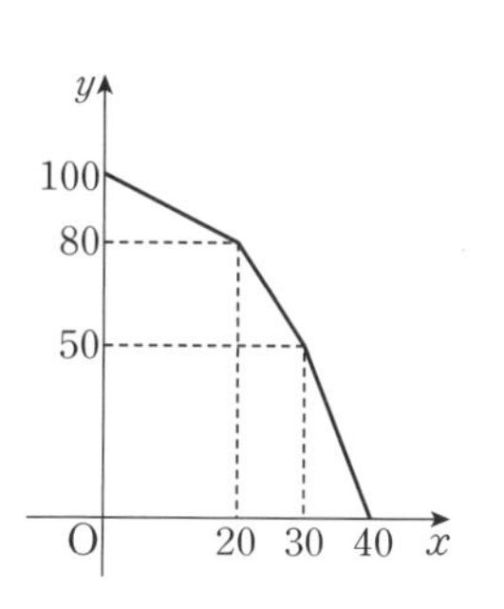

11 끓는 물을 식히기 시작한 지 30분 후의 물의 온도를 구하시오.

12 끓는 물을 식히기 시작한 지 20분 동안 내려간 물의 온도를 구하시오.

13 물의 온도가 0 °C가 될 때까지 끓는 물을 식힌 시간을 구하시오.

* 아래 그림은 서현이가 집에서 2 km 떨어진 공원에 다녀올 때, 시간에 따른 거리의 변화를 나타낸 그래프이다. 서현이가 집을 출발한 지 x분 후 집으로부터의 거리를 y km라고 할 때, 다음 물음에 답하시오.

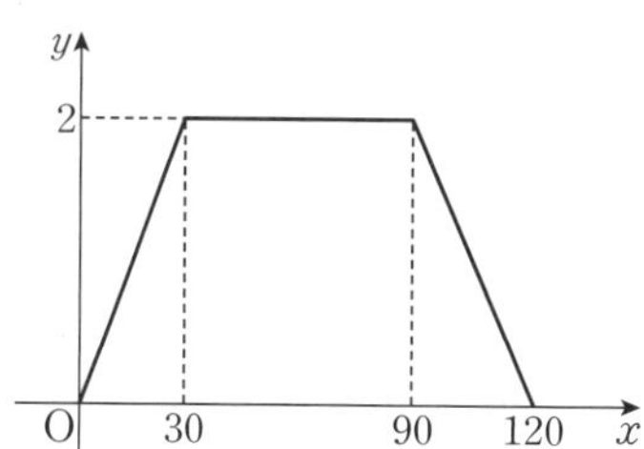
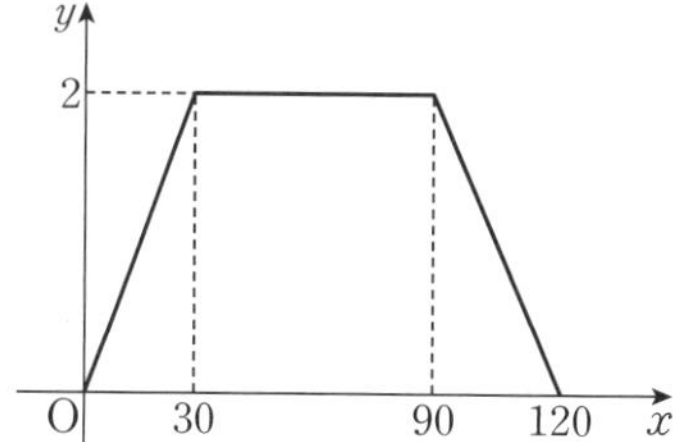

14 집에서 공원까지 가는 데 걸린 시간을 구하시오.

15 공원에 머문 시간을 구하시오.

16 서현이가 공원에 다녀오는 데 걸린 시간을 구하시오.

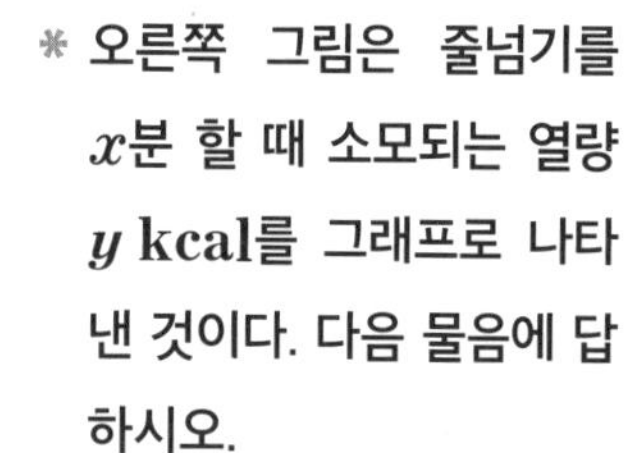

* 오른쪽 그림은 줄넘기를 x분 할 때 소모되는 열량 y kcal를 그래프로 나타낸 것이다. 다음 물음에 답하시오.

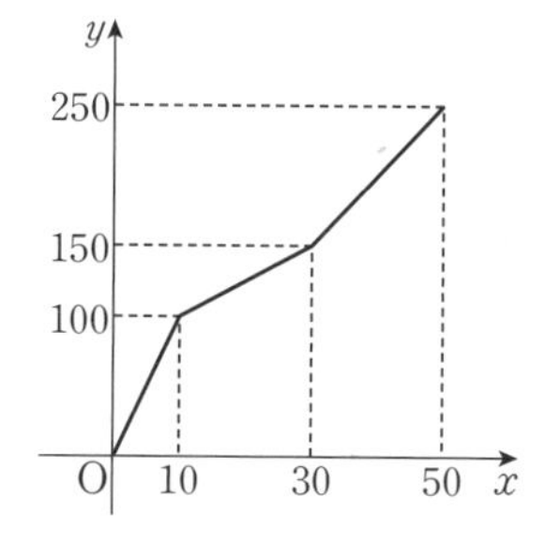

17 줄넘기를 30분 동안 할 때 소모되는 열량을 구하시오.

18 줄넘기를 시작한 지 30분 후부터 20분 동안 소모되는 열량을 구하시오.

19 250 kcal의 열량을 소모하려면 줄넘기를 몇 분 동안 해야 하는지 구하시오.

ACT+ 34

필수 유형 훈련

스피드 정답 : 07쪽
친절한 풀이 : 32쪽

유형 1 좌표평면 위의 도형의 넓이

❶ 주어진 점을 좌표평면 위에 나타낸다.

❷ 각 점을 선분으로 연결하여 도형을 그린다.

❸ 공식을 이용하여 도형의 넓이를 구한다.

Skill 먼저 좌표축에 평행한 변을 찾아서 그 길이를 구해.
두 점의 x 좌표나 y 좌표가 같으면 그 두 점을 연결한 선분은 좌표축에 평행하지!
• A(a, b), B(a, c) ➡ (선분 AB의 길이)=|b−c| • P(p, r), Q(q, r) ➡ (선분 PQ의 길이)=|p−q|

01 네 점 A$(-2, 3)$, B$(-2, -2)$, C$(3, -2)$, D$(3, 3)$에 대하여 다음 물음에 답하시오.

(1) 네 점 A, B, C, D를 오른쪽 좌표평면 위에 각각 나타내고, 네 점 A, B, C, D를 꼭짓점으로 하는 사각형 ABCD를 그리시오.

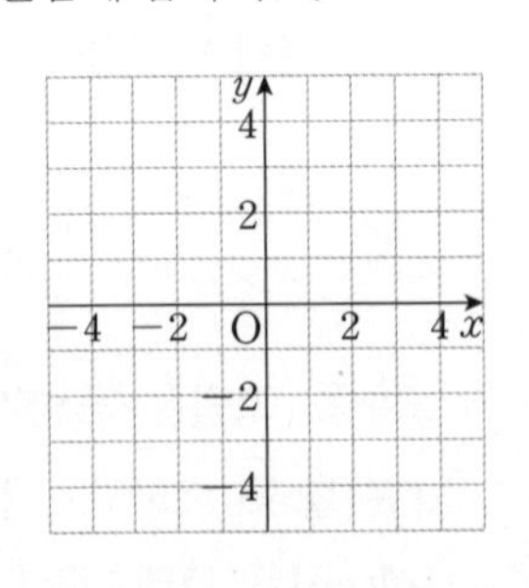

(2) 사각형 ABCD의 넓이를 구하시오.

02 네 점 A$(-3, 2)$, B$(-3, -3)$, C$(3, -3)$, D$(1, 2)$를 꼭짓점으로 하는 사각형 ABCD를 오른쪽 좌표평면 위에 그리고, 사각형 ABCD의 넓이를 구하시오.

03 세 점 A$(3, 3)$, B$(-2, -1)$, C$(3, -1)$에 대하여 다음 물음에 답하시오.

(1) 세 점 A, B, C를 오른쪽 좌표평면 위에 각각 나타내고, 세 점 A, B, C를 꼭짓점으로 하는 삼각형 ABC를 그리시오.

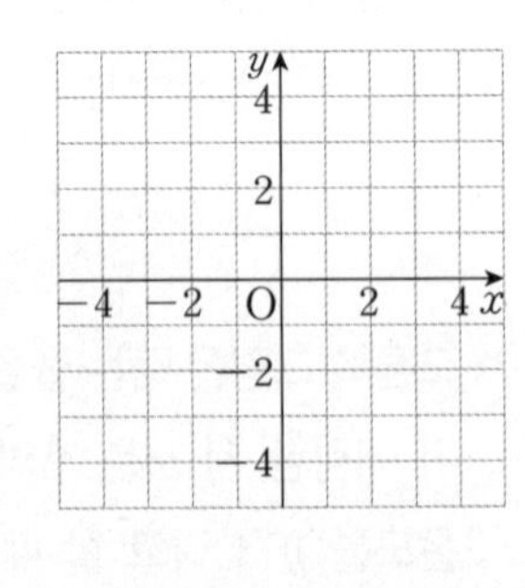

(2) 삼각형 ABC의 넓이를 구하시오.

04 세 점 A$(-4, 1)$, B$(2, -3)$, C$(2, 2)$를 꼭짓점으로 하는 삼각형 ABC를 오른쪽 좌표평면 위에 그리고, 삼각형 ABC의 넓이를 구하시오.

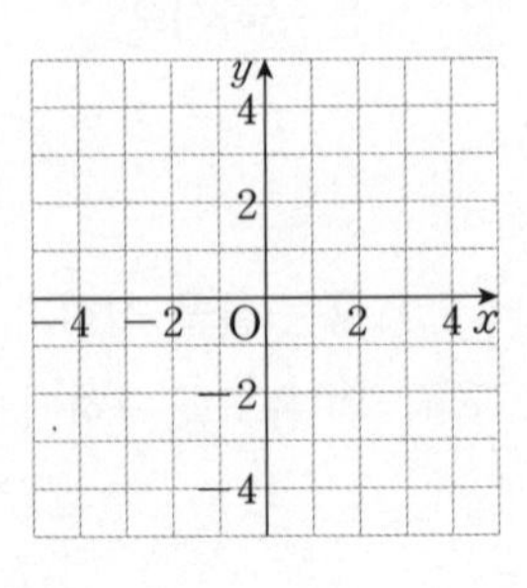

유형 2 상황에 맞는 그래프 찾기

그래프를 이용하면 두 양 사이의 증가와 감소 등의 변화, 두 양의 변화의 빠르기 등을 파악할 수 있다.

• 증가와 감소

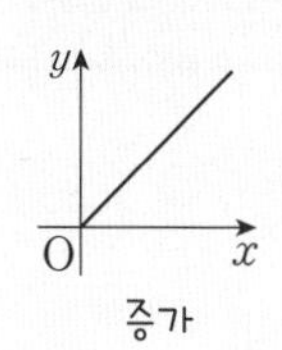

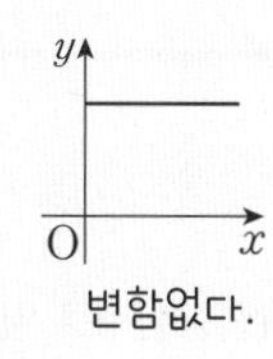

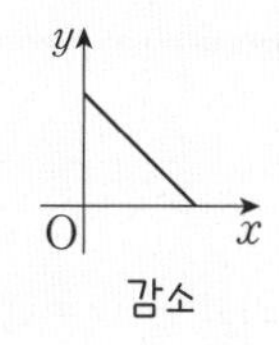

• 변화의 빠르기

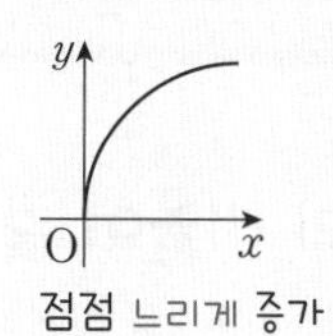

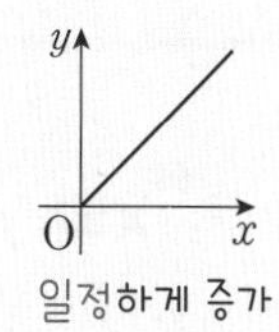

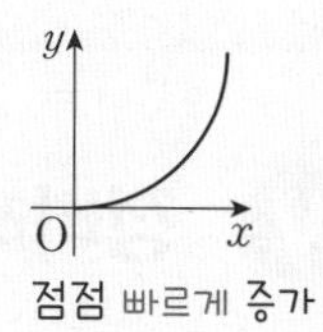

05 다음은 시간에 따라 집에서 떨어진 거리를 나타낸 그래프이다. 각 상황에 알맞은 그래프를 각각 골라 기호를 쓰시오.

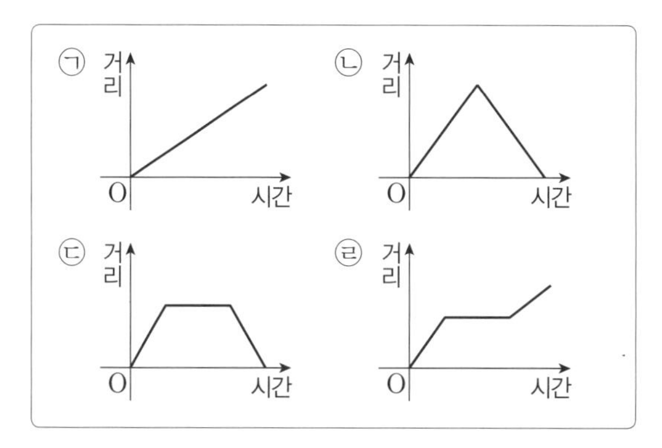

(1) 집에서 출발하여 일정한 속력으로 도서관까지 갔다.

(2) 집에서 출발하여 일정한 속력으로 자전거를 타고 가다가 중간에서 잠깐 쉰 후 일정한 속력으로 걸어서 도서관까지 갔다.

(3) 집에서 출발하여 일정한 속력으로 도서관까지 갔다가 집에 왔다.

(4) 집에서 출발하여 일정한 속력으로 도서관에 가서 책을 본 후 일정한 속력으로 집에 돌아왔다.

06 다음과 같은 모양이 다른 두 그릇에 일정한 속력으로 물을 넣는다고 할 때, 물의 높이를 시간에 따라 나타낸 그래프로 알맞은 것을 각각 골라 기호를 쓰시오.

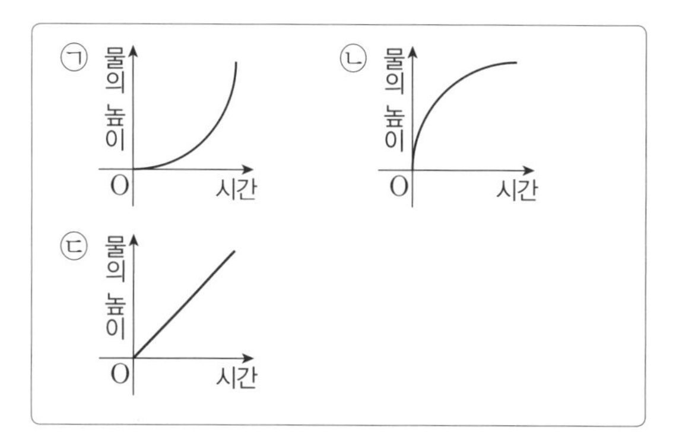

(1)

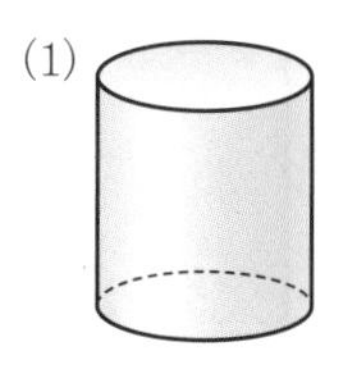

(2)

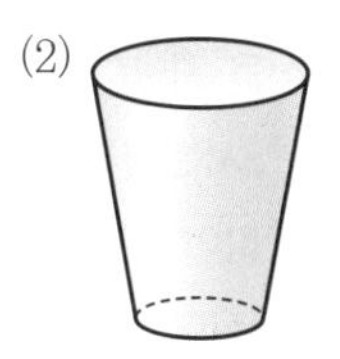

07 오른쪽 그림과 같은 모양의 용기에 일정한 속력으로 물을 넣을 때, 다음 중 경과 시간 x에 따른 물의 높이 y 사이의 관계를 나타낸 그래프로 알맞은 것은?

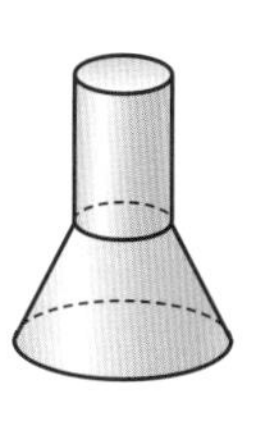

①

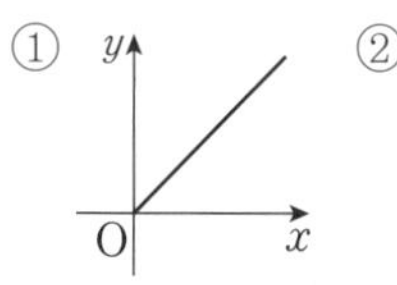

②

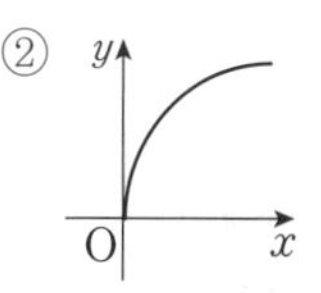

③

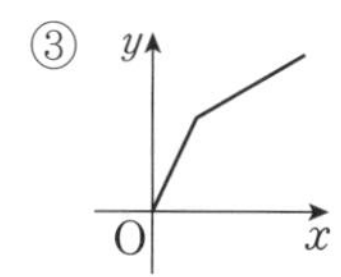

④

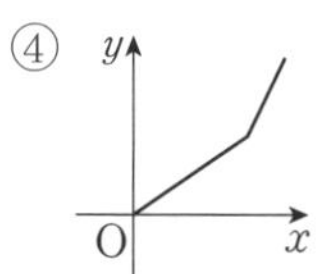

⑤

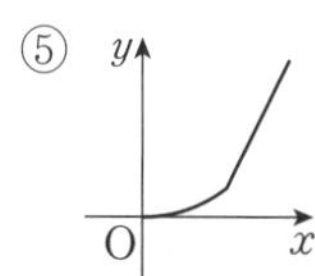

VISUAL IDEA 6

정비례와 반비례

Ⓥ 정비례 "x와 y의 비율이 같다."

y가 x에 정비례하면 x의 값에 대한 y의 값의 비 $\frac{y}{x}(x \neq 0)$의 값은 항상 a로 일정하다.

▶ 정비례 관계

x의 값이 2배, 3배, 4배…가 될 때, y의 값도 2배, 3배, 4배…가 되는 관계이면 y는 x에 정비례한다.

$$y = ax \ (a \neq 0)$$

▶ 정비례 관계 y=ax(a≠0)의 그래프

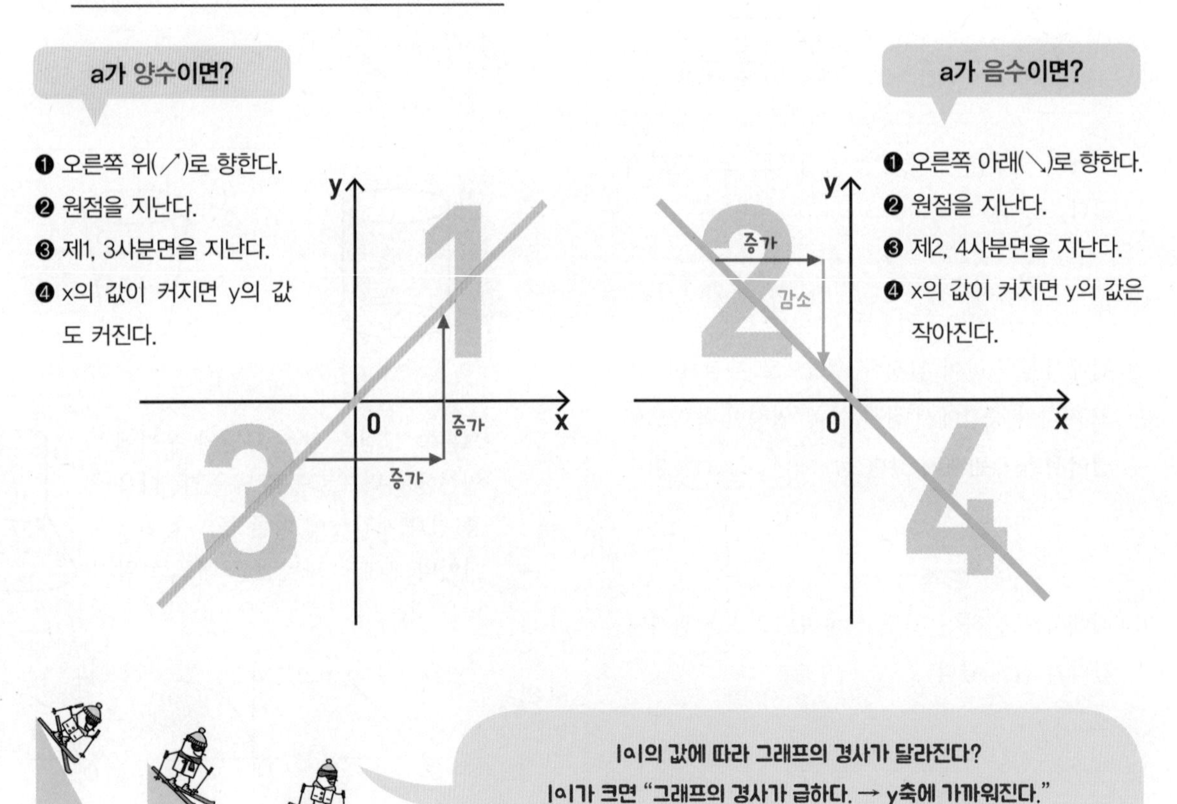

|a|의 값에 따라 그래프의 경사가 달라진다?
|a|가 크면 "그래프의 경사가 급하다. → y축에 가까워진다."
|a|가 작으면 "그래프의 경사가 완만하다. → x축에 가까워진다."

Ⅴ 반비례 "x와 y의 비율이 역수 관계이다."

y가 x에 반비례하면 x와 y의 곱 xy의 값은 항상 a로 일정하다.

▶ 반비례 관계

x의 값이 2배, 3배, 4배…가 될 때, y의 값이 $\frac{1}{2}$배, $\frac{1}{3}$배, $\frac{1}{4}$배…가 되는 관계이면 y는 x에 반비례한다.

$$y=\frac{a}{x}\ (a\neq 0)$$

▶ 반비례 관계 $y=\frac{a}{x}(a\neq0)$의 그래프

a가 양수이면?

❶ 제1, 3사분면을 지난다.

❷ x의 값이 커지면 y의 값은 작아진다.

a가 음수이면?

❶ 제2, 4사분면을 지난다.

❷ x의 값이 커지면 y의 값이 커진다.

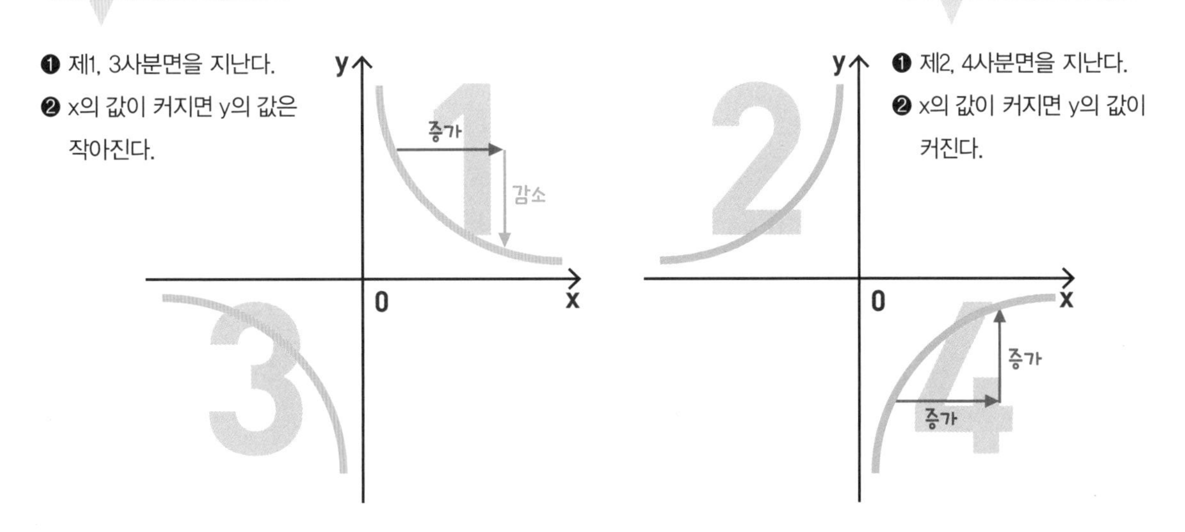

반비례 그래프는 x축, y축과 한없이 가까워지지만, 절대 두 축과 만나지 않아. 그래프를 그릴 때 조심해야 해.

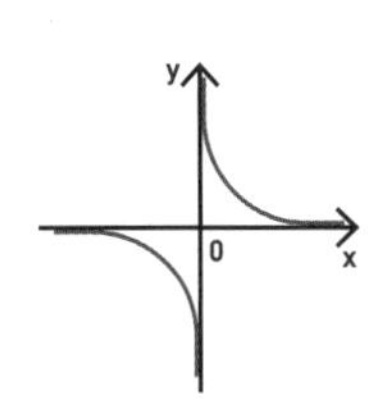

x축이나 y축에 붙지 말자!

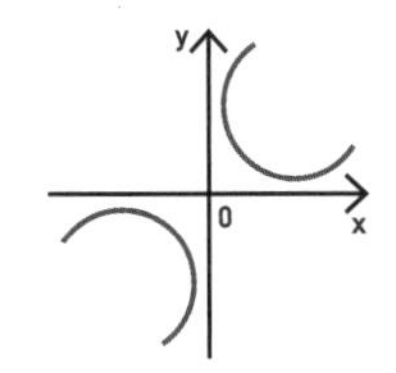

끝이 구부러져서도 안 돼!

ACT
35
정비례 관계

스피드 정답 : 07쪽
친절한 풀이 : 33쪽

정비례

두 변수 x와 y에 대하여 x의 값이 2배, 3배, 4배, …로 변함에 따라 y의 값도 2배, 3배, 4배, …로 변하는 관계일 때 y는 x에 정비례한다고 한다.

정비례 관계식

y가 x에 정비례하면 $y=ax(a\neq0)$가 성립한다.

참고 $\dfrac{y}{x}=a$(일정) ← a는 상수로 항상 일정한 값을 갖는다.

＊ **y가 x에 정비례할 때, 표를 완성하고 x와 y 사이의 관계식을 구하시오.**

01

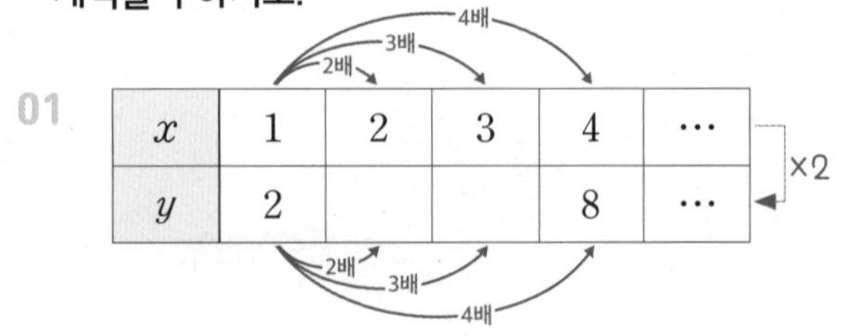

x	1	2	3	4	…
y	2			8	…

➡ 관계식 : $y=\square x$

02

x	1	2	3	4	…
y	3		9		…

➡ 관계식 : $y=\square x$

03

x	1	2	3	4	…
y	-4			-16	…

×(−4)

➡ 관계식 : $y=\square x$

04

x	1	2	3	4	…
y			1	$\frac{4}{3}$	…

➡ 관계식 : $y=\square x$

＊ **다음 중 y가 x에 정비례하는 것에는 ○표, 정비례하지 않는 것에는 ×표를 하시오.** ($y=ax$ 꼴을 찾자)

05 $y=2x$ ( )

06 $y=2+x$ ( )

07 $y=-5x$ ( )

08 $y=\frac{1}{3}x$ ( )

09 $y=-x-4$ ( )

10 $\frac{y}{x}=7$ ( )

11 $y=-\frac{1}{x}$ ( )

* 다음에서 x와 y 사이의 관계식을 구하시오.

12 한 변의 길이가 x cm인 정육각형의 둘레의 길이는 y cm이다.

13 한 개에 500원인 음료수 x개의 가격은 y원이다.

14 시속 60 km로 x시간 동안 간 거리는 y km이다.

15 1 m의 무게가 25 g인 철사 x m의 무게는 y g이다.

16 가로의 길이가 x cm, 세로의 길이가 10 cm인 직사각형의 넓이는 y cm^{2}이다.

17 매달 기부금을 2000원씩 낼 때, x개월 동안 내는 기부금은 y원이다.

18 물통에 1분에 5 L씩 물을 받을 때, x분 동안 받은 물의 양은 y L이다.

19 우유 200 mL 1개의 열량이 130 kcal일 때, 우유 200 mL x개의 열량은 y kcal이다.

* 다음 조건을 만족시키는 x와 y 사이의 관계식을 구하시오.

20 y가 x에 정비례하고, $x=2$일 때 $y=8$이다.

▶ $y=ax$라 하고
$x=2$, $y=8$을 대입하면
$\square=\square a$ $\quad\therefore a=\square$
$\therefore y=\square x$

y가 x에 정비례하면 $y=ax$로 놓자.

21 y가 x에 정비례하고, $x=3$일 때 $y=-9$이다.

22 y가 x에 정비례하고, $x=6$일 때 $y=2$이다.

23 y가 x에 정비례하고, $x=-4$일 때 $y=-2$이다.

24 y가 x에 정비례하고, $x=5$일 때 $y=10$이다.

시험에는 이렇게 나온대.

25 y가 x에 정비례하고, $x=8$일 때 $y=-2$이다. $x=12$일 때 y의 값을 구하시오.

ACT 36 정비례 관계 $y=ax(a\neq0)$의 그래프

스피드 정답 : 08쪽
친절한 풀이 : 33쪽

정비례 관계의 그래프

x의 값이 수 전체일 때, 정비례 관계 $y=ax(a\neq0)$의 그래프는 원점을 지나는 직선이다.

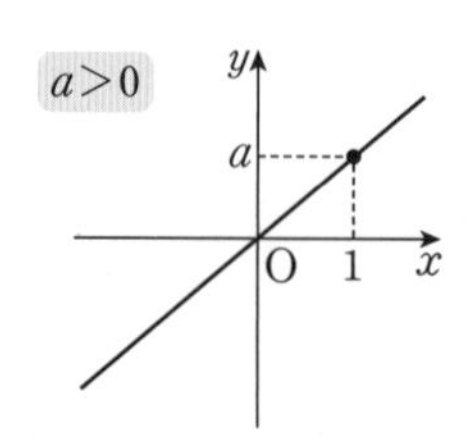

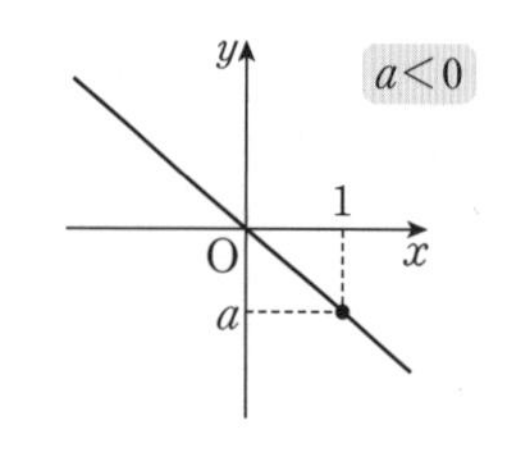

정비례 관계의 그래프 위의 점

점 (p, q)가 정비례 관계 $y=ax(a\neq0)$의 그래프 위의 점일 때, $y=ax$에 $x=p$, $y=q$를 대입하면 등식이 성립한다. ➡ $q=a\times p$

예 정비례 관계 $y=3x$의 그래프 위의 점

① $(2, 6)$ ➡ $6=3\times2$이므로 그래프 위의 점이다.

② $(-3, -8)$ ➡ $-8\neq3\times(-3)$이므로 그래프 위의 점이 아니다.

01 정비례 관계 $y=-2x$에 대하여 물음에 답하시오.

(1) 표를 완성하고, 좌표평면 위에 나타내시오.

x	-2	-1	0	1	2
y	4				

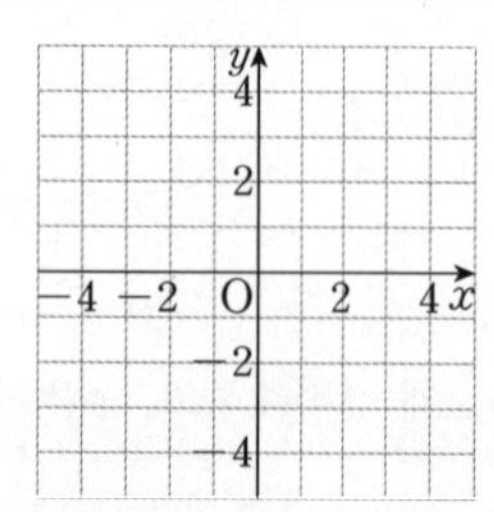

(2) x의 값이 수 전체일 때, $y=-2x$의 그래프를 위의 좌표평면 위에 그리시오.

02 정비례 관계 $y=\frac{3}{2}x$에 대하여 표를 완성하고, x의 값이 수 전체일 때 그래프를 그리시오.

x	-2	-1	0	1	2
y					3

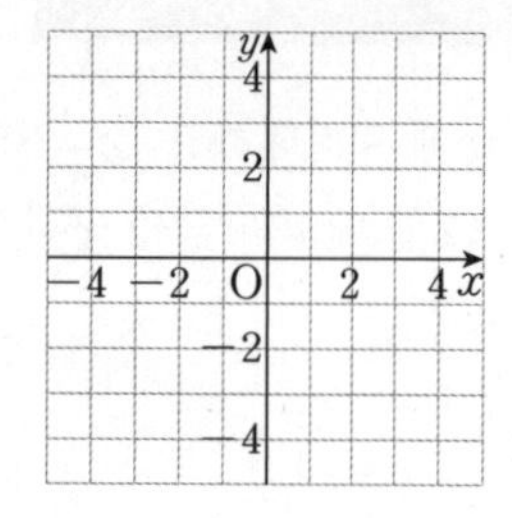

＊ 다음 그래프가 지나는 두 점의 좌표를 구하고, 이 두 점을 이용하여 그래프를 그리시오.

03 $y=3x$

➡ $(0, \square)$, $(1, \square)$

원점 (0, 0)과 그래프가 지나는 다른 한 점을 구해 직선으로 이으면 돼.

04 $y=-\frac{1}{2}x$

➡ $(0, \square)$, $(2, \square)$

05 $y=\frac{4}{3}x$

➡ $(0, \square)$, $(3, \square)$

* 주어진 점이 정비례 관계 $y=-3x$의 그래프 위의 점이면 ○표, 아니면 ×표를 하시오.

06 $(2, -6)$ ( )

$y=-3x$에 $x=2$, $y=-6$을 대입했을 때 등식이 성립하면 그 그래프 위의 점!

07 $(0, -3)$ ( )

08 $\left(-\frac{1}{3}, 1\right)$ ( )

* 주어진 점이 정비례 관계 $y=\frac{1}{4}x$의 그래프 위의 점이면 ○표, 아니면 ×표를 하시오.

09 $(1, -4)$ ( )

10 $(-8, -2)$ ( )

11 $\left(-2, \frac{1}{2}\right)$ ( )

* 주어진 점이 정비례 관계 $y=-\frac{2}{5}x$의 그래프 위의 점이면 ○표, 아니면 ×표를 하시오.

12 $(-5, 2)$ ( )

13 $(10, -4)$ ( )

14 $(-20, -8)$ ( )

* 정비례 관계 $y=2x$의 그래프가 주어진 점을 지날 때, a의 값을 구하시오

15 $(a, 6)$

▶ $y=2x$에 $x=a$, $y=\square$을 대입하면

$\square=2\square$ $\therefore a=\square$

16 $(a, -4)$

17 $(7, a)$

* 정비례 관계 $y=-\frac{1}{3}x$의 그래프가 주어진 점을 지날 때, a의 값을 구하시오.

18 $\left(a, -\frac{1}{6}\right)$

19 $(12, a)$

* 정비례 관계 $y=\frac{3}{4}x$의 그래프가 주어진 점을 지날 때, a의 값을 구하시오.

20 $(a, -15)$

21 $(16, a)$

ACT 37 정비례 관계 $y=ax(a\neq 0)$의 그래프의 성질

스피드 정답 : 08쪽
친절한 풀이 : 34쪽

정비례 관계 $y=ax(a\neq 0)$의 그래프는 원점 $(0, 0)$과 점 $(1, a)$를 지나는 직선이다.

• $a>0$일 때

① 오른쪽 위로 향한다.
② 제1사분면과 제3사분면을 지난다.
③ x의 값이 증가하면 y의 값도 증가한다.

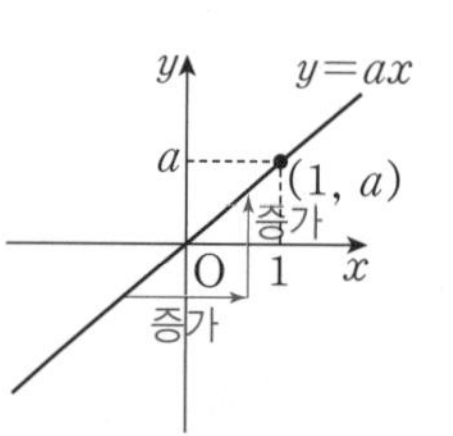

• $a<0$일 때

① 오른쪽 아래로 향한다.
② 제2사분면과 제4사분면을 지난다.
③ x의 값이 증가하면 y의 값은 감소한다.

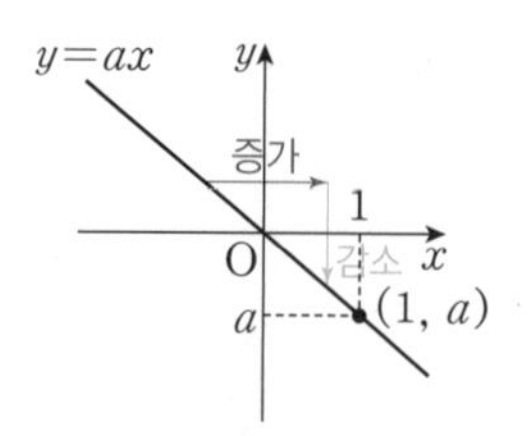

참고 a의 절댓값이 클수록 y축에 가깝고, a의 절댓값이 작을수록 x축에 가깝다.

* 아래 좌표평면 위에 정비례 관계 $y=\frac{2}{3}x$, $y=x$, $y=2x$의 그래프를 그리고, 다음 물음에 답하시오.

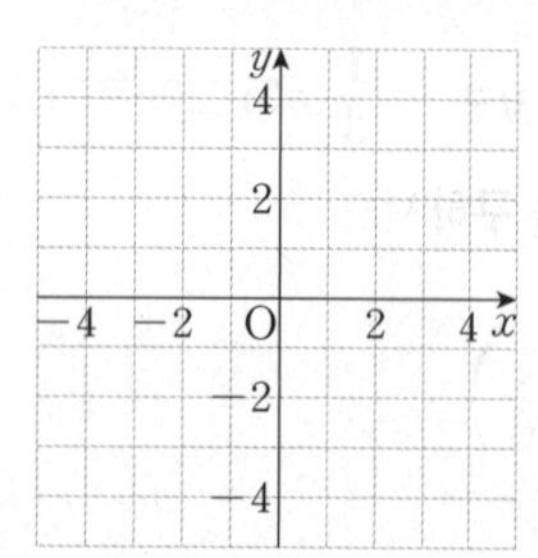

01 그래프는 모두 오른쪽 (위 , 아래)로 향하는 직선이다.

02 그래프는 모두 제☐사분면과 제☐사분면을 지난다.

03 그래프는 모두 x의 값이 증가하면 y의 값은 (증가 , 감소)한다.

04 그래프가 y축에 가까운 것부터 순서대로 쓰시오.

* 다음 정비례 관계의 그래프는 제몇 사분면을 지나는지 모두 구하시오.

05 $y=4x$

$y=ax$에서 $a>0$ ➡ 제1, 3사분면
$a<0$ ➡ 제2, 4사분면

06 $y=-2x$

07 $y=-\frac{2}{5}x$

08 $y=\frac{7}{3}x$

09 $y=-\frac{9}{4}x$

* 정비례 관계의 그래프에 대하여 알맞은 식을 찾아 그 기호를 쓰시오.

㉠ $y=5x$	㉡ $y=-3x$
㉢ $y=-\frac{1}{4}x$	㉣ $y=\frac{3}{2}x$

10 그래프가 오른쪽 위로 향하는 직선

11 제2사분면과 제4사분면을 지나는 그래프

12 x의 값이 증가하면 y의 값은 감소하는 그래프

13 y축에 가장 가까운 그래프

$y=ax$에서 $|a|$가 가장 커.

14 x축에 가장 가까운 그래프

$y=ax$에서 $|a|$가 가장 작아.

* 다음 그림에서 알맞은 정비례 관계의 그래프를 찾아 그 기호를 쓰시오.

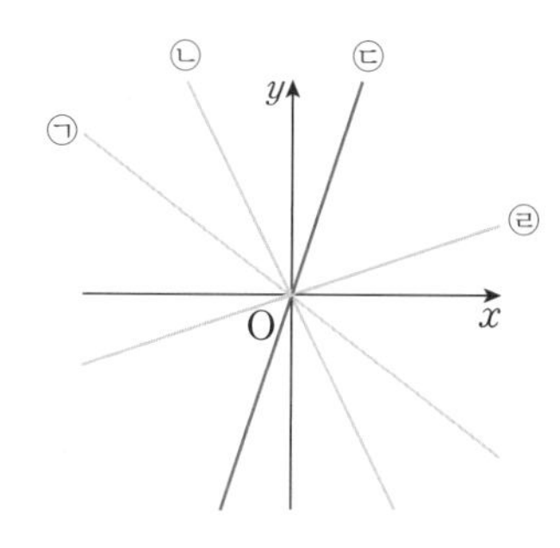

15 $y=-2x$

16 $y=3x$

17 $y=\frac{1}{3}x$

18 $y=-\frac{3}{4}x$

* 다음 중 정비례 관계 $y=\frac{4}{3}x$의 그래프에 대한 설명으로 옳은 것에는 ○표, 옳지 않은 것에는 ×표를 하시오.

19 원점을 지나는 직선이다. ( )

20 점 $(-3, 4)$를 지난다. ( )

21 제1사분면과 제3사분면을 지난다. ( )

22 오른쪽 아래로 향하는 직선이다. ( )

23 x의 값이 증가하면 y의 값은 감소한다. ( )

24 정비례 관계 $y=2x$의 그래프보다 x축에 더 가깝다. ( )

시험에는 이렇게 나온대.

25 다음 중 정비례 관계 $y=-5x$의 그래프에 대한 설명으로 옳지 않은 것은?

① 원점을 지난다.
② 점 $(2, -10)$을 지난다.
③ 제2사분면과 제4사분면을 지난다.
④ x의 값이 증가하면 y의 값도 증가한다.
⑤ 정비례 관계 $y=3x$의 그래프보다 y축에 더 가깝다.

ACT 38

정비례 관계의 그래프에서 관계식 구하기

스피드 정답 : 08쪽
친절한 풀이 : 34쪽

그래프가 원점을 지나는 직선일 때, 정비례 관계식 구하기

❶ 관계식을 $y=ax$로 놓는다.

❷ 그래프가 지나는 원점이 아닌 점의 좌표를 $y=ax$에 대입하여 a의 값을 구한다.

참고 정비례 관계 $y=ax(a\neq0)$의 그래프가 점 (p, q)를 지날 때,
$y=ax$에 $x=p$, $y=q$를 대입하면 등식이 성립한다. ➡ $q=a\times p$

ACT36에서도 공부한 내용이야. 기억하지?

✱ **정비례 관계 $y=ax$의 그래프가 다음 점을 지날 때, 상수 a의 값을 구하시오.**

01 $(-2, 4)$

▶ $y=ax$에 $x=\square$, $y=\square$를 대입하면

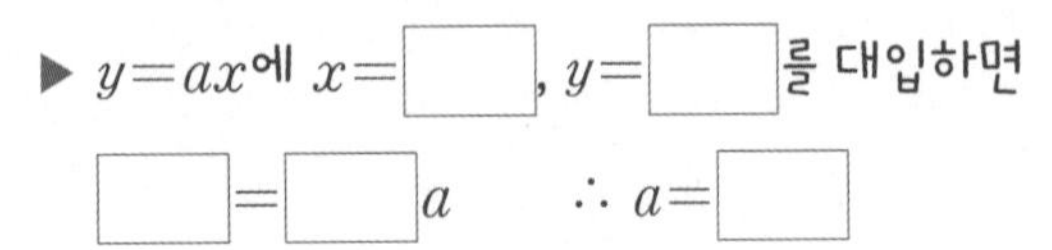

$\square=\square a$ ∴ $a=\square$

02 $(3, 9)$

03 $(-8, -2)$

04 $(12, -8)$

05 $\left(\frac{3}{4}, 6\right)$

06 $\left(2, -\frac{1}{3}\right)$

✱ **다음 그림과 같은 그래프가 나타내는 x와 y 사이의 관계식을 구하시오.**

07

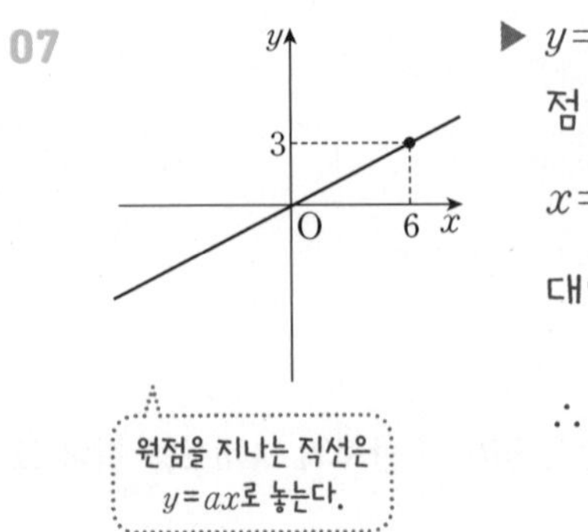

▶ $y=ax$라 하고 그래프가 점 $(6, 3)$을 지나므로

$x=\square$, $y=\square$을

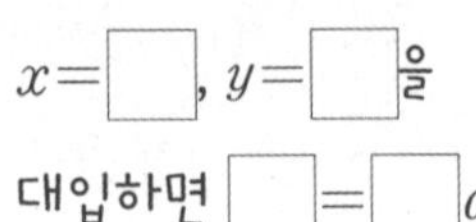

대입하면 $\square=\square a$

∴ $a=\square$

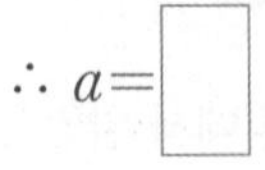

∴ $y=\square x$

08

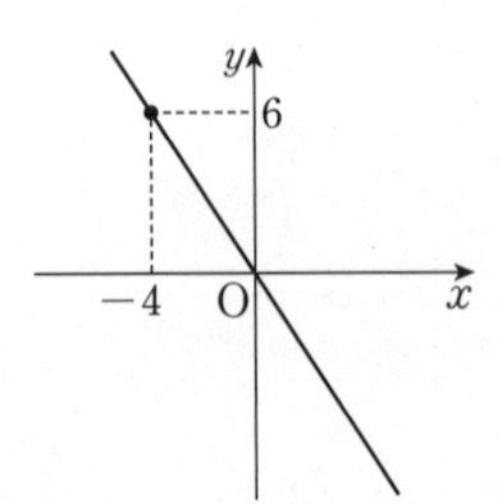

09

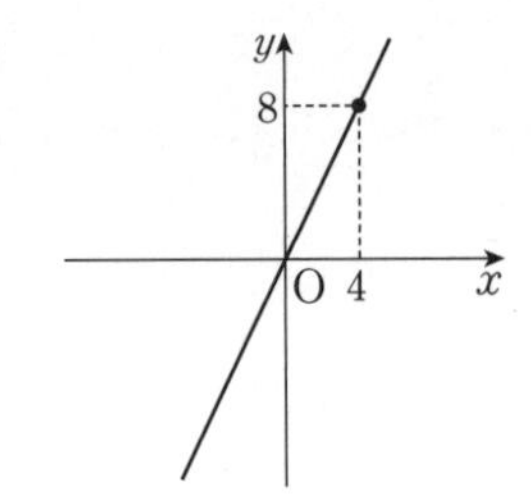

* 정비례 관계 $y=ax$의 그래프가 다음 두 점을 지날 때, k의 값을 구하시오. (단, a는 상수)

10 $(2,\ 6),\ (3,\ k)$

▶ $y=ax$에 $x=\square$, $y=\square$을 대입하면

$\square=\square a \qquad \therefore a=\square$

$y=\square x$에 $x=\square$, $y=k$를 대입하면

$k=\square\times\square=\square$

11 $(-3,\ 2),\ (6,\ k)$

12 $(8,\ 6),\ (k,\ 9)$

13 $(-5,\ 10),\ (k,\ -12)$

14 $(12,\ -15),\ (-2,\ k)$

15 $(10,\ 6),\ \left(k,\ \frac{9}{5}\right)$

16 $(-12,\ 16),\ \left(k,\ \frac{8}{3}\right)$

* 다음과 같은 그래프에서 k의 값을 구하시오.

17

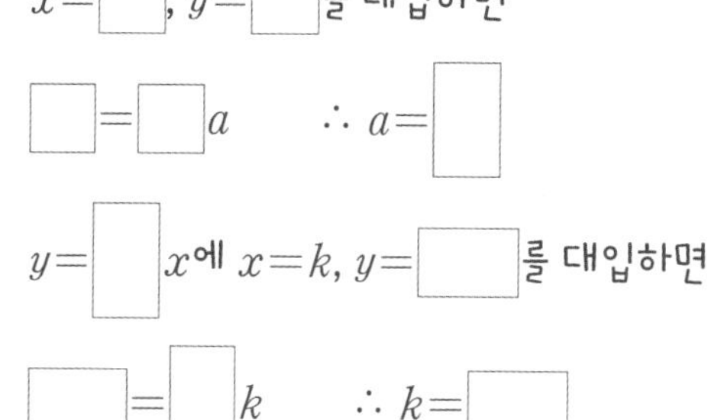

▶ $y=ax$라 하고 그래프가 점 $(3,\ 2)$를 지나므로

$x=\square$, $y=\square$를 대입하면

$\square=\square a \qquad \therefore a=\square$

$y=\square x$에 $x=k$, $y=\square$를 대입하면

$\square=\square k \qquad \therefore k=\square$

18

19

20

ACT+ 39

필수 유형 훈련

스피드 정답 : 08쪽
친절한 풀이 : 35쪽

유형 1 정비례 관계의 그래프와 도형의 넓이

정비례 관계 $y=ax$의 그래프 위의 한 점 P에서 x축에 내린 수선이 x축과 만나는 점이 $\mathrm{Q}(k,\ 0)$일 때
➡ $\mathrm{P}(k,\ ak)$

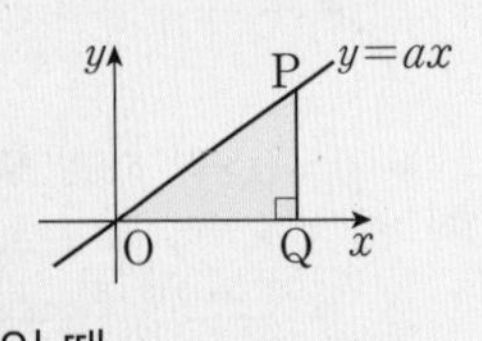

Skill 점 $\mathrm{P}(a,\ b)$에서 수선을
x축에 내리면 ➡ $\mathrm{Q}(a,\ 0)$
y축에 내리면 ➡ $\mathrm{R}(0,\ b)$

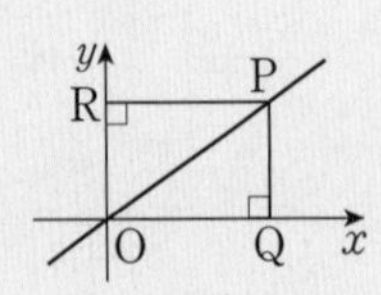

01 오른쪽 그림과 같이 정비례 관계 $y=\frac{4}{5}x$의 그래프 위의 한 점 P에서 x축에 내린 수선이 x축과 만나는 점 Q의 좌표가 $(10,\ 0)$이다. 물음에 답하시오.

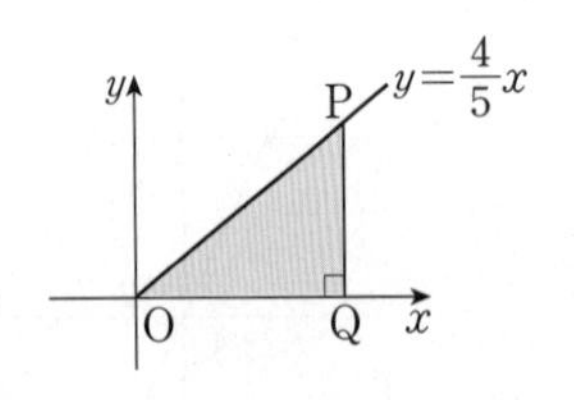

(1) 점 P의 좌표를 구하시오.

(2) 선분 OQ의 길이를 구하시오.

(3) 선분 PQ의 길이를 구하시오.

(4) 삼각형 OPQ의 넓이를 구하시오.

02 오른쪽 그림과 같이 정비례 관계 $y=\frac{3}{2}x$의 그래프 위의 한 점 P에서 y축에 내린 수선이 y축과 만나는 점 Q의 좌표가 $(0,\ 6)$일 때, 삼각형 OPQ의 넓이를 구하시오.

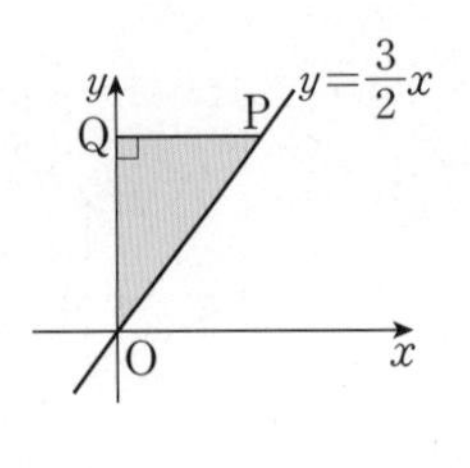

유형 2 물통에 물 채우기

물통에 매분 a L씩 물을 받을 때, x분 동안 받은 물의 양을 y L라고 하여 식을 세운다. ➡ $y=ax$

Skill 알고 있는 것을 식에 x, y 대신 집어 넣자!
• t분 동안 받은 물의 양 y L ➡ $y=at$
• 물을 k L 받는 데 걸리는 시간 x분 ➡ $k=ax$

03 용량이 60 L인 빈 물통에 매분 3 L씩 물을 넣으려고 한다. x분 후 물통 안에 있는 물의 양을 y L라고 할 때, 물음에 답하시오.

(1) 표의 빈칸을 채우시오.

x(분)	1	2	3	4	…	20
y(L)	3				…	

(2) x와 y 사이의 관계식을 세우시오.

(3) 물을 넣기 시작한 지 10분 후 물통 안에 있는 물의 양을 구하시오.

(4) 물통 안에 있는 물의 양이 45 L가 되는 것은 물을 넣기 시작한 지 몇 분 후인지 구하시오.

04 용량이 120 L인 빈 물통에 매분 4 L씩 물을 넣으려고 한다. x분 후 물통 안에 있는 물의 양을 y L라고 할 때, 물음에 답하시오.

(1) x와 y 사이의 관계식을 세우시오.

(2) 물을 넣기 시작한 지 15분 후 물통 안에 있는 물의 양을 구하시오.

(3) 물통에 물이 가득 차는 것은 물을 넣기 시작한 지 몇 분 후인지 구하시오.

유형 3 지불 금액 구하기

어떤 물건 한 개의 가격이 a원일 때, 물건 x개를 사고 지불해야 하는 금액을 y원이라고 하면

➡ $y=ax$

Skill x, y의 값으로 주어진 것을 식에 대입하자.
- 물건 m개를 살 때 지불 금액 y원 ➡ $y=am$
- n원을 지불하고 산 물건의 개수 x개 ➡ $n=ax$

05 1 L에 1500원인 휘발유를 판매하는 주유소에서 휘발유 x L를 주유할 때 지불해야 하는 금액을 y원이라고 한다. 물음에 답하시오.

(1) x와 y 사이의 관계식을 세우시오.

(2) 휘발유 5 L를 주유할 때 지불해야 하는 금액을 구하시오.

(3) 휘발유를 주유하고 30000원을 지불하였다면 몇 L의 휘발유를 주유했는지 구하시오.

06 한 병에 600원인 음료수를 x병 살 때 지불해야 하는 금액을 y원이라고 한다. 물음에 답하시오.

(1) x와 y 사이의 관계식을 세우시오.

(2) 음료수를 8병 살 때 지불해야 하는 금액을 구하시오.

(3) 음료수를 사고 7200원을 지불하였다면 음료수를 몇 병 샀는지 구하시오.

유형 4 톱니바퀴의 톱니 수와 회전 수

톱니의 수가 각각 a개, b개인 두 톱니바퀴 A, B가 서로 맞물려 돌아갈 때, A가 x번 회전하는 동안 B는 y번 회전하면

(A의 톱니 수)×(A의 회전 수)

=(B의 톱니 수)×(B의 회전 수)

➡ $ax=by$, 즉 $y=\frac{a}{b}x$

07 톱니의 수가 각각 30개, 45개인 두 톱니바퀴 A, B가 서로 맞물려 돌아간다. 톱니바퀴 A가 x번 회전할 때 톱니바퀴 B는 y번 회전한다고 한다. 물음에 답하시오.

(1) 표를 완성하시오.

	A	B
톱니 수(개)	30	
회전 수(번)	x	

(2) x와 y 사이의 관계식을 세우시오.

(3) 톱니바퀴 A가 15번 회전할 때, 톱니바퀴 B는 몇 번 회전하는지 구하시오.

(4) 톱니바퀴 B가 40번 회전할 때, 톱니바퀴 A는 몇 번 회전하는지 구하시오.

08 톱니의 수가 각각 40개, 28개인 두 톱니바퀴 A, B가 서로 맞물려 돌아간다. 톱니바퀴 A가 x번 회전할 때 톱니바퀴 B는 y번 회전한다고 한다. 물음에 답하시오.

(1) x와 y 사이의 관계식을 세우시오.

(2) 톱니바퀴 A가 14번 회전할 때, 톱니바퀴 B는 몇 번 회전하는지 구하시오.

(3) 톱니바퀴 B가 50번 회전할 때, 톱니바퀴 A는 몇 번 회전하는지 구하시오.

ACT 40 반비례 관계

스피드 정답 : 08쪽
친절한 풀이 : 36쪽

반비례

두 변수 x와 y에 대하여 x의 값이 2배, 3배, 4배, …로 변함에 따라 y의 값은 $\frac{1}{2}$배, $\frac{1}{3}$배, $\frac{1}{4}$배, …로 변하는 관계일 때 y는 x에 반비례한다고 한다.

반비례 관계식

y가 x에 반비례하면 $y=\frac{a}{x}(a\neq0)$가 성립한다.

참고 $xy=a$(일정) ← a는 상수로 항상 일정한 값을 갖는다.

＊ y가 x에 반비례할 때, 표를 완성하고 x와 y 사이의 관계식을 구하시오.

01

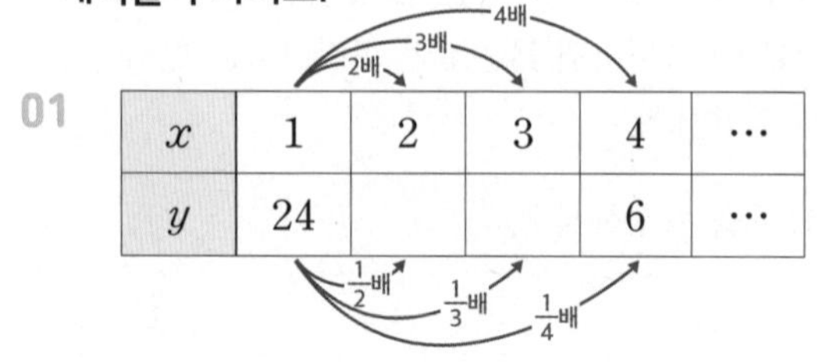

x	1	2	3	4	…
y	24			6	…

➡ 관계식 : $y=\frac{\square}{x}$

02

x	1	2	3	4	…
y	-12		-4		…

➡ 관계식 : $y=\frac{\square}{x}$

03

x	1	2	3	4	…
y	-16			-4	…

➡ 관계식 : $y=\frac{\square}{x}$

04

x	1	2	3	4	…
y		10			…

➡ 관계식 : $y=\frac{\square}{x}$

＊ 다음 중 y가 x에 반비례하는 것에는 ○표, 반비례하지 않는 것에는 ×표를 하시오.

$y=\frac{a}{x}$ 꼴을 찾자.

05 $y=\frac{2}{x}$ (　　　)

06 $y=-3x$ (　　　)

07 $x=\frac{5}{y}$ (　　　)

08 $xy=-10$ (　　　)

09 $y=\frac{x}{8}$ (　　　)

10 $\frac{x}{y}=-4$ (　　　)

11 $y=-\frac{6}{x}$ (　　　)

＊ 다음에서 x와 y 사이의 관계식을 구하시오.

12 전체가 200쪽인 책을 매일 x쪽씩 읽으면 모두 읽는 데 y일이 걸린다.

13 학생을 한 줄에 x명씩 y줄로 세웠을 때 전체 학생은 150명이다.

14 100 km의 거리를 시속 x km의 일정한 속력으로 달릴 때 걸리는 시간은 y시간이다.

15 길이가 30 m인 철사를 x명이 똑같이 나누었더니 한 명이 y m씩 가지게 되었다.

16 가로의 길이가 x cm, 세로의 길이가 y cm인 직사각형의 넓이는 12 cm^2이다.

17 밑면의 넓이가 x cm^2이고 높이가 y cm인 직육면체의 부피는 40 cm^3이다.

18 20 L짜리 물통에 1분에 x L씩 물을 채울 때, 물통에 물이 가득찰 때까지 걸리는 시간은 y분이다.

19 x원짜리 우유를 y개 샀더니 4000원이었다.

＊ 다음 조건을 만족시키는 x와 y 사이의 관계식을 구하시오.

20 y가 x에 반비례하고, $x=3$일 때 $y=5$이다.

▶ $y=\frac{a}{x}$라 하고

$x=3$, $y=5$를 대입하면

$\square=\frac{a}{\square}$ ∴ $a=\square$

∴ $y=\frac{\square}{x}$

y가 x에 반비례하면 $y=\frac{a}{x}$로 놓자.

21 y가 x에 반비례하고, $x=4$일 때 $y=2$이다.

22 y가 x에 반비례하고, $x=-7$일 때 $y=3$이다.

23 y가 x에 반비례하고, $x=6$일 때 $y=-6$이다.

시험에는 이렇게 나온대.

24 y가 x에 반비례하고, $x=9$일 때 $y=5$이다. $x=-3$일 때 y의 값을 구하시오.

ACT 41

반비례 관계 $y=\dfrac{a}{x}(a\neq0)$의 그래프

스피드 정답 : 09쪽
친절한 풀이 : 36쪽

반비례 관계의 그래프

x의 값이 0이 아닌 수 전체일 때, 반비례 관계 $y=\dfrac{a}{x}(a\neq0)$의 그래프는 좌표축에 가까워지면서 한없이 뻗어 나가는 한 쌍의 매끄러운 곡선이다.

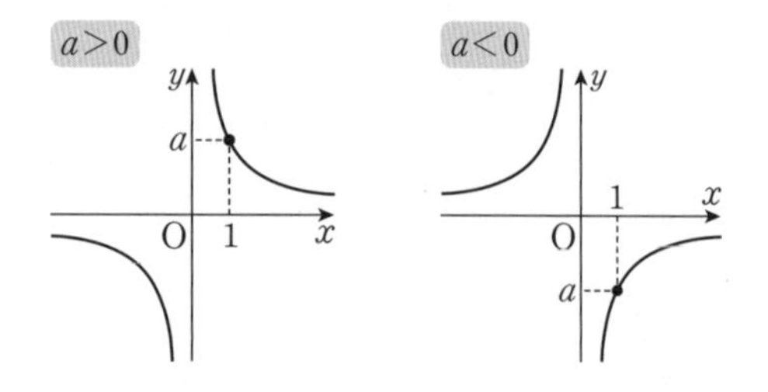

점 (p, q)가 반비례 관계 $y=\dfrac{a}{x}(a\neq0)$의 그래프 위의 점일 때,

$y=\dfrac{a}{x}$에 $x=p$, $y=q$를 대입하면 등식이 성립한다. ➡ $q=\dfrac{a}{p}$

01 반비례 관계 $y=\dfrac{4}{x}$에 대하여 물음에 답하시오.

(1) 표를 완성하시오.

x	-4	-2	-1	1	2	4
y	-1					

(2) (1)의 표에서 얻어지는 순서쌍 (x, y)를 좌표로 하는 점을 좌표평면 위에 나타내시오.

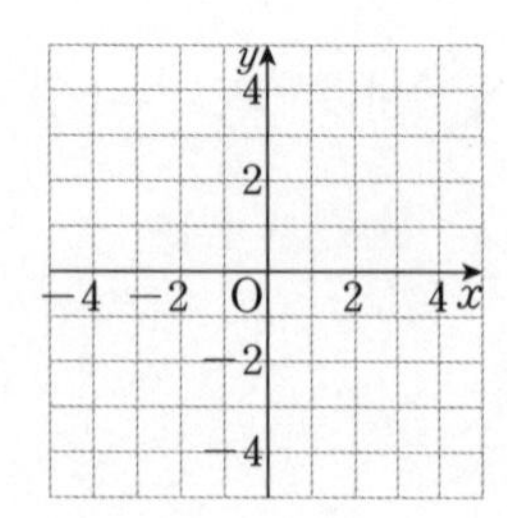

(3) x의 값이 0이 아닌 수 전체일 때, $y=\dfrac{4}{x}$의 그래프를 위의 좌표평면 위에 그리시오.

* **다음 반비례 관계에 대하여 표를 완성하고, 그래프를 그리시오.**

02 $y=\dfrac{2}{x}$

x	-4	-2	-1	1	2	4
y	$-\dfrac{1}{2}$	-1				

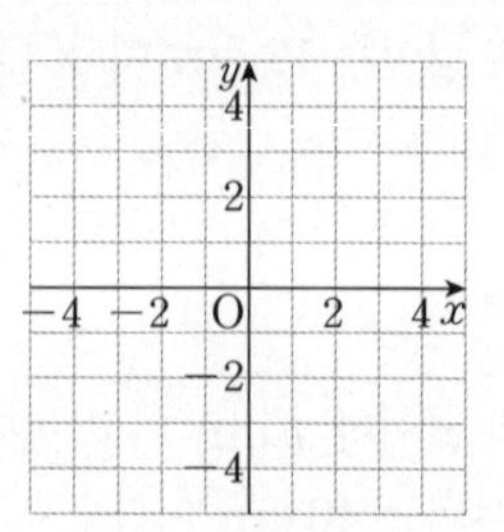

03 $y=-\dfrac{6}{x}$

x	-6	-3	-2	-1	1	2	3	6
y	1							

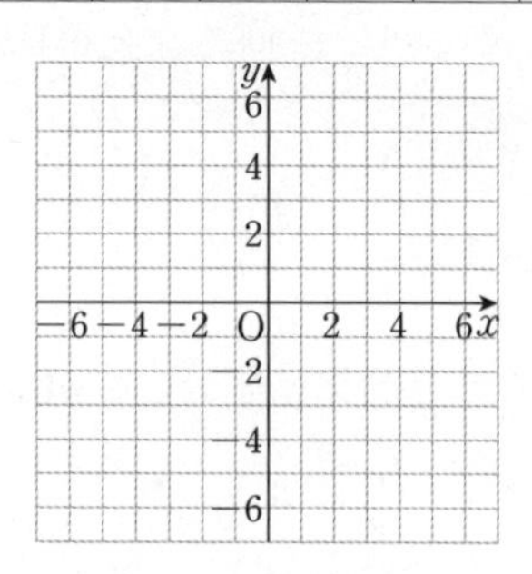

* 주어진 점이 반비례 관계 $y=-\frac{4}{x}$의 그래프 위의 점이면 ○표, 아니면 ×표를 하시오.

04 $(-1,\ 4)$ (   )

관계식에 대입했을 때 등식이 성립하면 그 그래프 위의 점!

05 $(2,\ 2)$ (   )

06 $\left(-12,\ \frac{1}{3}\right)$ (   )

* 주어진 점이 반비례 관계 $y=\frac{6}{x}$의 그래프 위의 점이면 ○표, 아니면 ×표를 하시오.

07 $(-2,\ 3)$ (   )

08 $(3,\ 2)$ (   )

09 $\left(4,\ \frac{2}{3}\right)$ (   )

* 주어진 점이 반비례 관계 $y=-\frac{10}{x}$의 그래프 위의 점이면 ○표, 아니면 ×표를 하시오.

10 $(2,\ 5)$ (   )

11 $(-5,\ 2)$ (   )

12 $\left(8,\ -\frac{5}{4}\right)$ (   )

* 반비례 관계 $y=\frac{12}{x}$의 그래프가 주어진 점을 지날 때, a의 값을 구하시오.

13 $(a,\ 3)$

▶ $y=\frac{12}{x}$에 $x=\square$, $y=\square$을 대입하면

$\square=\frac{12}{\square}$ $\quad\therefore a=\square$

14 $(a,\ -6)$

15 $(9,\ a)$

* 반비례 관계 $y=-\frac{20}{x}$의 그래프가 주어진 점을 지날 때, a의 값을 구하시오.

16 $(a,\ 4)$

17 $(-16,\ a)$

* 반비례 관계 $y=\frac{18}{x}$의 그래프가 주어진 점을 지날 때, a의 값을 구하시오.

18 $(a,\ -2)$

19 $(-24,\ a)$

ACT 42

반비례 관계 $y=\frac{a}{x}(a\neq0)$의 그래프의 성질

스피드 정답 : 09쪽
친절한 풀이 : 37쪽

반비례 관계 $y=\frac{a}{x}(a\neq0)$의 그래프는 좌표축에 한없이 가까워지는 한 쌍의 매끄러운 곡선이다.

• $a>0$일 때
① 제1사분면과 제3사분면을 지난다.
② 각 사분면에서 x의 값이 증가하면 y의 값은 감소한다.

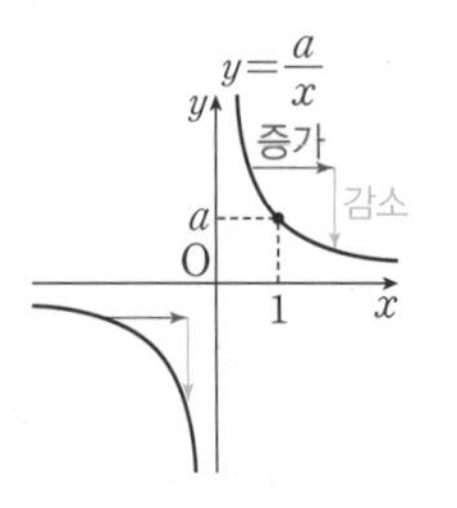

• $a<0$일 때
① 제2사분면과 제4사분면을 지난다.
② 각 사분면에서 x의 값이 증가하면 y의 값도 증가한다.

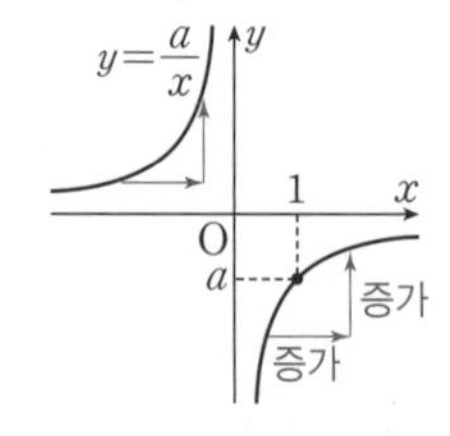

참고 a의 절댓값이 작을수록 원점에 가깝고, a의 절댓값이 클수록 원점에서 멀다.

---

* 아래 좌표평면 위에 반비례 관계 $y=\frac{2}{x}$, $y=\frac{4}{x}$, $y=\frac{6}{x}$의 그래프를 그리고, 다음 물음에 답하시오.

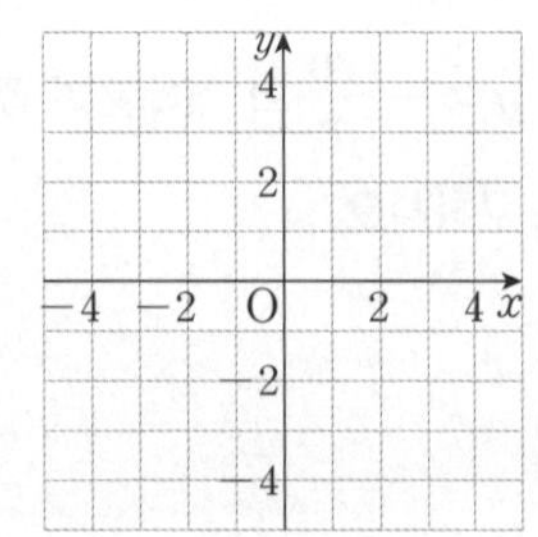

01 그래프는 모두 제☐사분면과 제☐사분면을 지난다.

02 그래프는 모두 $x>0$일 때, x의 값이 증가하면 y의 값은 (증가 , 감소)한다.

03 그래프가 원점에 가까운 것부터 순서대로 쓰시오.

* 다음 반비례 관계의 그래프는 제몇 사분면을 지나는지 모두 구하시오.

04 $y=\frac{5}{x}$

$y=\frac{a}{x}$에서 $a>0$ ➡ 제1, 3사분면
$a<0$ ➡ 제2, 4사분면

05 $y=-\frac{20}{x}$

06 $y=\frac{16}{x}$

07 $y=-\frac{9}{x}$

08 $y=-\frac{14}{x}$

* **반비례 관계의 그래프에 대하여 알맞은 식을 찾아 그 기호를 쓰시오.**

㉠ $y=\frac{6}{x}$	㉡ $y=-\frac{24}{x}$
㉢ $y=-\frac{10}{x}$	㉣ $y=\frac{15}{x}$

09 제2사분면과 제4사분면을 지나는 그래프

10 $x>0$일 때, x의 값이 증가하면 y의 값은 감소하는 그래프

11 원점에 가장 가까운 그래프

12 원점에서 가장 먼 그래프

* **다음 그림에서 알맞은 반비례 관계의 그래프를 찾아 그 기호를 쓰시오.**

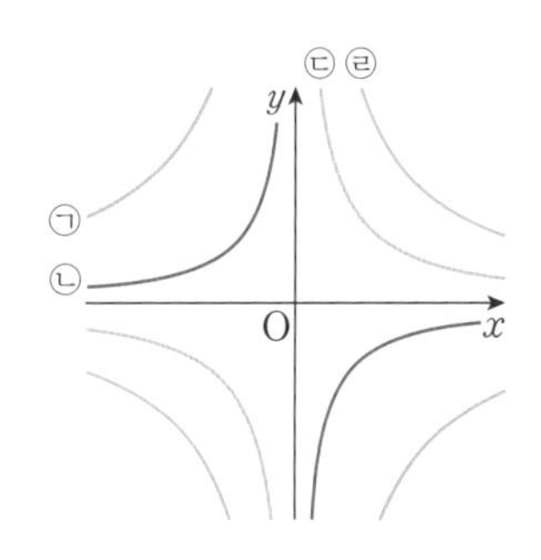

13 $y=-\frac{10}{x}$

14 $y=\frac{3}{x}$

15 $y=\frac{8}{x}$

16 $y=-\frac{2}{x}$

* **다음 중 반비례 관계 $y=-\frac{21}{x}$의 그래프에 대한 설명으로 옳은 것에는 ○표, 옳지 <u>않은</u> 것에는 ×표를 하시오.**

17 원점을 지난다. (　　　)

18 점 $(7,\ -3)$을 지난다. (　　　)

19 제1사분면과 제3사분면을 지난다. (　　　)

20 $x>0$일 때, x의 값이 증가하면 y의 값도 증가한다. (　　　)

21 반비례 관계 $y=\frac{7}{x}$의 그래프보다 원점에서 더 멀리 떨어져 있다. (　　　)

시험에는 이렇게 나온다.

22 다음 중 반비례 관계 $y=\frac{16}{x}$의 그래프에 대한 설명으로 옳은 것은?

① 원점을 지난다.
② 점 $(4,\ -4)$를 지난다.
③ 제2사분면과 제4사분면을 지난다.
④ $x<0$일 때, x의 값이 증가하면 y의 값은 감소한다.
⑤ 반비례 관계 $y=\frac{5}{x}$의 그래프보다 원점에 더 가깝다.

ACT 43

반비례 관계의 그래프에서 관계식 구하기

스피드 정답 : 09쪽
친절한 풀이 : 37쪽

그래프가 원점에 대하여 대칭인 한 쌍의 곡선일 때, 반비례 관계식 구하기

❶ 관계식을 $y=\dfrac{a}{x}$로 놓는다.

❷ 그래프가 지나는 점의 좌표를 $y=\dfrac{a}{x}$에 대입하여 a의 값을 구한다.

참고 반비례 관계 $y=\dfrac{a}{x}(a\neq0)$의 그래프가 점 (p, q)를 지날 때,

$y=\dfrac{a}{x}$에 $x=p$, $y=q$를 대입하면 등식이 성립한다. ➡ $q=\dfrac{a}{p}$

ACT41에서도 공부한 내용이야. 기억하지?

---

* **반비례 관계 $y=\dfrac{a}{x}$의 그래프가 다음 점을 지날 때, 상수 a의 값을 구하시오.**

01 $(1, -3)$

▶ $y=\dfrac{a}{x}$에 $x=$ □, $y=$ □을 대입하면

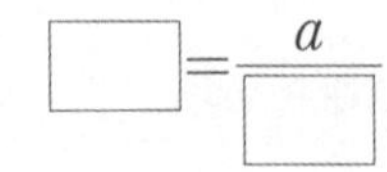

□ $=\dfrac{a}{□}$

$\therefore a=$ □

02 $(-4, -3)$

03 $(5, 6)$

04 $(-2, 7)$

05 $\left(-9, \dfrac{1}{3}\right)$

06 $\left(\dfrac{1}{6}, 24\right)$

* **다음 그림과 같은 그래프가 나타내는 x와 y 사이의 관계식을 구하시오.**

07

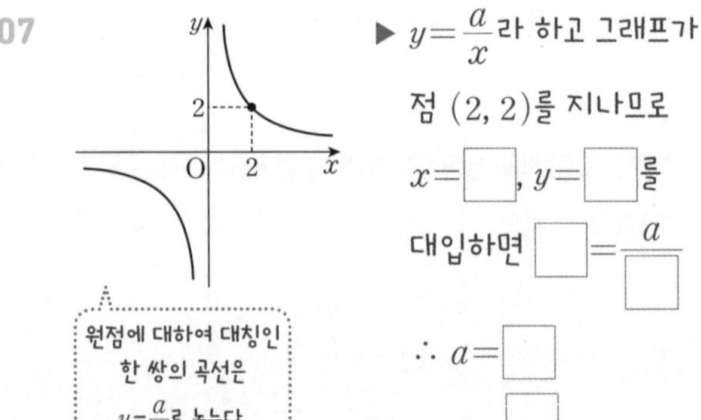

▶ $y=\dfrac{a}{x}$라 하고 그래프가 점 $(2, 2)$를 지나므로

$x=$ □, $y=$ □를 대입하면 □ $=\dfrac{a}{□}$

$\therefore a=$ □

$\therefore y=\dfrac{□}{x}$

08

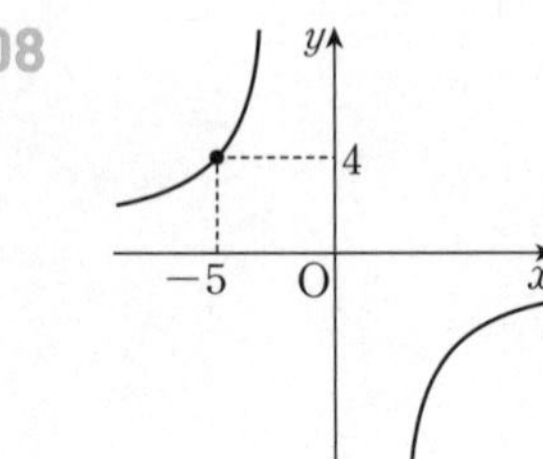

09

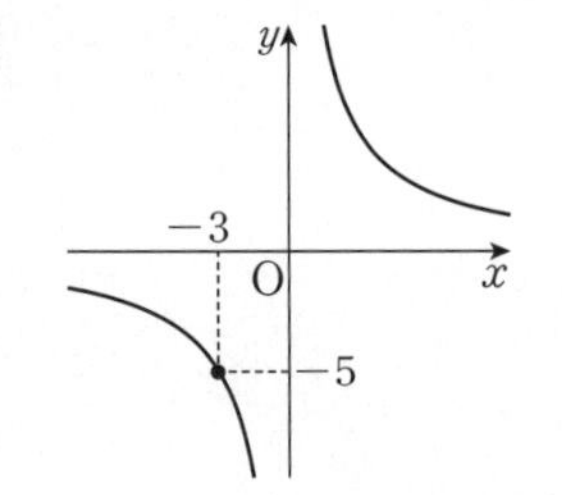

* 반비례 관계 $y=\frac{a}{x}$의 그래프가 다음 두 점을 지날 때, k의 값을 구하시오. (단, a는 상수)

10 $(2, 4)$, $(-1, k)$

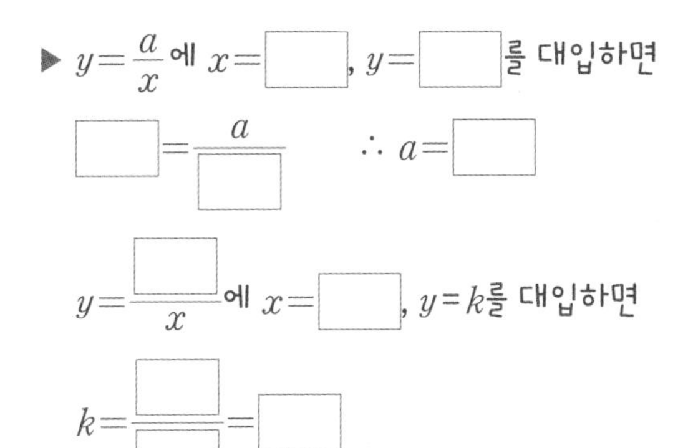

▶ $y=\frac{a}{x}$에 $x=$□, $y=$□를 대입하면

□$=\frac{a}{□}$ $\therefore a=$□

$y=\frac{□}{x}$에 $x=$□, $y=k$를 대입하면

$k=\frac{□}{□}=$□

11 $(2, -6)$, $(4, k)$

12 $(-3, 8)$, $(k, 6)$

13 $(-6, -5)$, $(k, 2)$

14 $(-4, -9)$, $(6, k)$

15 $(7, -4)$, $(-8, k)$

16 $(5, -3)$, $(k, 9)$

* 다음과 같은 그래프에서 k의 값을 구하시오.

17

▶ $y=\frac{a}{x}$라 하고 그래프가 점 $(-3, 4)$를 지나므로

$x=$□, $y=$□를 대입하면

□$=\frac{a}{□}$ $\therefore a=$□

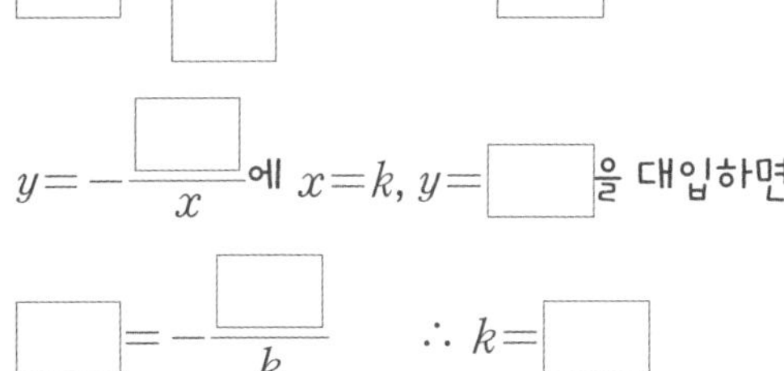

$y=-\frac{□}{x}$에 $x=k$, $y=$□을 대입하면

□$=-\frac{□}{k}$ $\therefore k=$□

18

19

20

필수 유형 훈련

스피드 정답 : 09쪽
친절한 풀이 : 38쪽

유형 1 반비례 관계의 그래프와 도형의 넓이

점 $P\left(p,\ \frac{a}{p}\right)$가 반비례 관계 $y=\frac{a}{x}$의 그래프 위의 점일 때,

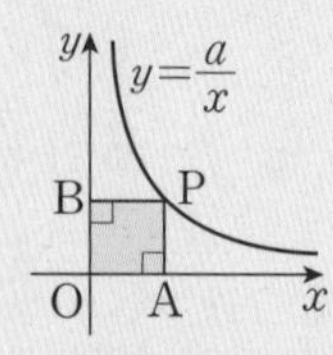

➡ (직사각형 OAPB의 넓이)$=p\times\frac{a}{p}=a$ ← 일정

Skill 반비례 관계의 그래프에서 직사각형의 넓이는 무조건 반비례 관계식에서 상수 값이야! 넓이를 알면 관계식을 구할 수도 있겠지?

01 오른쪽 그림은 반비례 관계 $y=\frac{12}{x}$의 그래프이고 점 P는 이 그래프의 제1사분면 위의 점이다. 점 P의 x좌표가 a일 때, 물음에 답하시오.

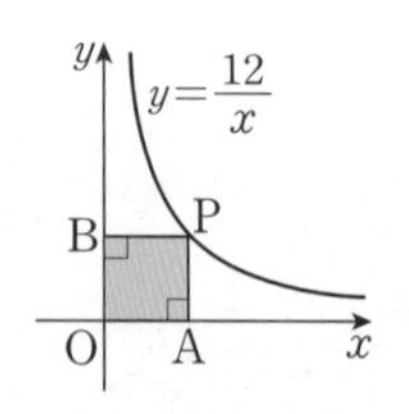

(1) 점 P의 y좌표를 구하시오.

(2) 선분 OA의 길이를 구하시오.

(3) 선분 OB의 길이를 구하시오.

(4) 직사각형 OAPB의 넓이를 구하시오.

02 오른쪽 그림은 반비례 관계 $y=\frac{a}{x}$의 그래프이고 점 P는 이 그래프의 제1사분면 위의 점이다. 직사각형 OAPB의 넓이가 16일 때, 상수 a의 값을 구하시오.

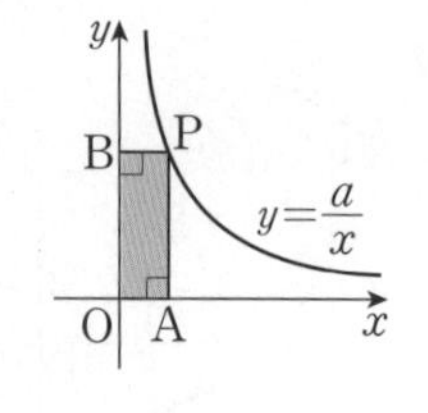

유형 2 넓이가 일정한 사각형의 변의 길이

넓이가 a인 직사각형의 가로의 길이가 x, 세로의 길이가 y일 때 ➡ $xy=a$, 즉 $y=\frac{a}{x}$

Skill 주어진 길이를 넓이를 구하는 식에 집어 넣어!

- 가로의 길이가 p일 때 세로의 길이 y ➡ $y=\frac{a}{p}$
- 세로의 길이가 q일 때 가로의 길이 x ➡ $q=\frac{a}{x}$

03 넓이가 $45\ \text{cm}^2$인 직사각형의 가로의 길이가 x cm, 세로의 길이가 y cm일 때, 물음에 답하시오.

(1) 표를 완성하시오.

x(cm)	1	3	5	9	15	45
y(cm)	45					

(2) x와 y 사이의 관계식을 세우시오.

(3) 직사각형의 가로의 길이가 10 cm일 때, 세로의 길이를 구하시오.

(4) 직사각형의 세로의 길이가 20 cm일 때, 가로의 길이를 구하시오.

04 넓이가 $36\ \text{cm}^2$인 평행사변형의 밑변의 길이가 x cm, 높이가 y cm일 때, 물음에 답하시오.

(1) x와 y 사이의 관계식을 세우시오.

(2) 평행사변형의 밑변의 길이가 9 cm일 때, 높이를 구하시오.

(3) 평행사변형의 높이가 3 cm일 때, 밑변의 길이를 구하시오.

유형 3 톱니바퀴의 톱니 수와 회전 수

두 톱니바퀴 A, B가 서로 맞물려 돌아갈 때, 톱니가 a개인 A가 b번 회전하는 동안 톱니가 x개인 B는 y번 회전하면

(A의 톱니 수)×(A의 회전 수)

=(B의 톱니 수)×(B의 회전 수)

➡ $ab=xy$, 즉 $y=\frac{ab}{x}$

Skill 두 톱니바퀴의 톱니 수를 알 때? 정비례!
한 톱니바퀴의 톱니 수와 회전 수를 알 때? 반비례!

05 두 톱니바퀴 A, B가 서로 맞물려 돌아가고 있다. 톱니바퀴 A는 톱니가 20개이고 1분 동안 24번 회전하고, 톱니바퀴 B는 톱니가 x개이고 1분 동안 y번 회전할 때, 물음에 답하시오.

(1) x와 y 사이의 관계식을 세우시오.

(2) 톱니바퀴 B의 톱니가 48개일 때, 톱니바퀴 B는 1분 동안 몇 번 회전하는지 구하시오.

(3) 톱니바퀴 B가 1분 동안 40번 회전할 때, 톱니바퀴 B의 톱니 수를 구하시오.

06 크기가 다른 두 톱니바퀴가 서로 맞물려 돌아가고 있다. 톱니가 16개인 큰 톱니바퀴가 20번 회전할 때, 톱니가 x개인 작은 톱니바퀴는 y번 회전한다고 한다. 물음에 답하시오.

(1) x와 y 사이의 관계식을 세우시오.

(2) 작은 톱니바퀴의 톱니가 8개일 때, 작은 톱니바퀴는 몇 번 회전하는지 구하시오.

(3) 작은 톱니바퀴가 32번 회전할 때, 작은 톱니바퀴의 톱니 수를 구하시오.

유형 4 기체의 부피와 압력

온도가 일정할 때, 기체의 부피 y는 압력 x기압에 반비례 ➡ $y=\frac{a}{x}$

Skill 기체의 부피가 q일 때, 압력은 p기압이면
➡ $y=\frac{a}{x}$에 $x=p$, $y=q$를 대입해서 a를 구하자.

07 온도가 일정할 때, 기체의 부피 $y\text{ cm}^3$는 압력 x기압에 반비례한다. 어떤 기체의 부피가 12 cm^3일 때, 압력은 5기압이다. 물음에 답하시오.

(1) x와 y 사이의 관계식을 세우시오.

(2) 압력이 4기압일 때, 이 기체의 부피를 구하시오.

(3) 부피가 30 cm^3일 때, 이 기체의 압력을 구하시오.

08 온도가 일정할 때, 기체의 부피 $y\text{ cm}^3$는 압력 x기압에 반비례한다. 어떤 기체의 부피가 25 cm^3일 때, 압력은 4기압이다. 물음에 답하시오.

(1) x와 y 사이의 관계식을 세우시오.

(2) 압력이 5기압일 때, 이 기체의 부피를 구하시오.

(3) 부피가 10 cm^3일 때, 이 기체의 압력을 구하시오.

필수 유형 훈련

스피드 정답 : 09쪽
친절한 풀이 : 39쪽

유형 1 정비례 관계와 반비례 관계의 그래프가 만나는 점

정비례 관계 $y=ax$의 그래프와 반비례 관계 $y=\dfrac{b}{x}$의 그래프가 점 $(p,\ q)$에서 만날 때

➡ $y=ax$, $y=\dfrac{b}{x}$에 각각 $x=p$, $y=q$를 대입하면 등식이 모두 성립한다.

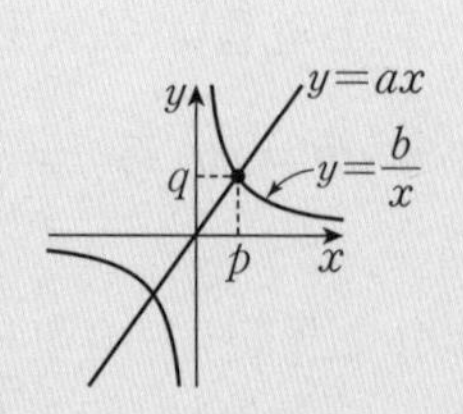

Skill

$y=ax$와 $y=\dfrac{b}{x}$의 그래프가 점 $(p,\ q)$에서 만나면

➡ 점 $(p,\ q)$가 $y=ax$의 그래프 위의 점이므로 $y=ax$에 $x=p$, $y=q$를 대입하자. ➡ $q=ap$

점 $(p,\ q)$가 $y=\dfrac{b}{x}$의 그래프 위의 점이므로 $y=\dfrac{b}{x}$에 $x=p$, $y=q$를 대입하자. ➡ $q=\dfrac{b}{p}$

01 오른쪽 그림과 같이 정비례 관계 $y=ax$의 그래프와 반비례 관계 $y=\dfrac{b}{x}$의 그래프가 점 $(4,\ 5)$에서 만날 때, 상수 a, b의 값을 각각 구하시오.

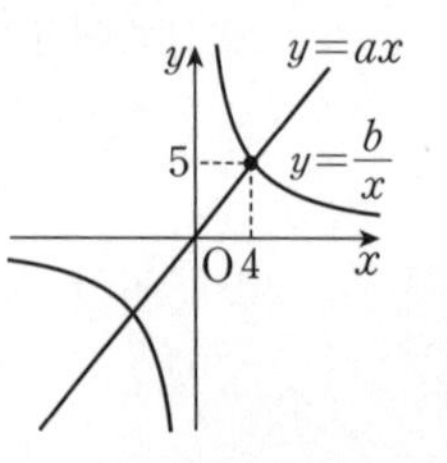

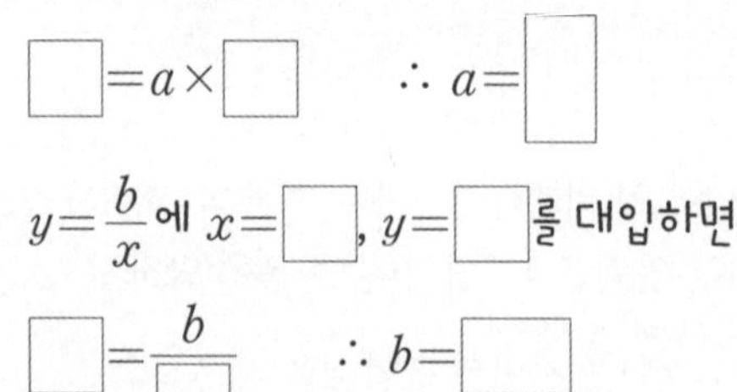

▶ $y=ax$에 $x=\square$, $y=\square$를 대입하면

$\square=a\times\square$ $\therefore a=\square$

$y=\dfrac{b}{x}$에 $x=\square$, $y=\square$를 대입하면

$\square=\dfrac{b}{\square}$ $\therefore b=\square$

02 오른쪽 그림과 같이 정비례 관계 $y=ax$의 그래프와 반비례 관계 $y=\dfrac{b}{x}$의 그래프가 점 $(2,\ -4)$에서 만날 때, 상수 a, b의 값을 각각 구하시오.

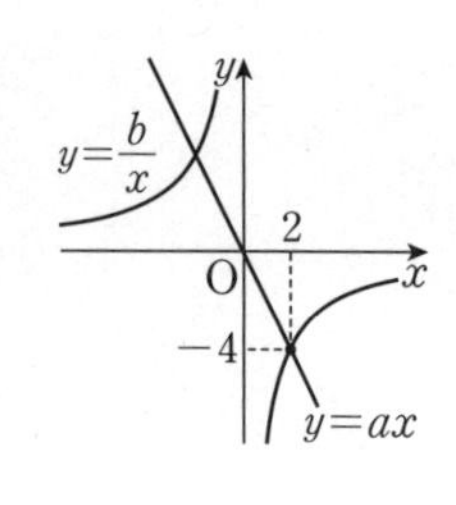

03 오른쪽 그림과 같이 정비례 관계 $y=ax$의 그래프와 반비례 관계 $y=\dfrac{24}{x}$의 그래프가 만나는 점 P의 x좌표가 6일 때, 상수 a의 값을 구하시오.

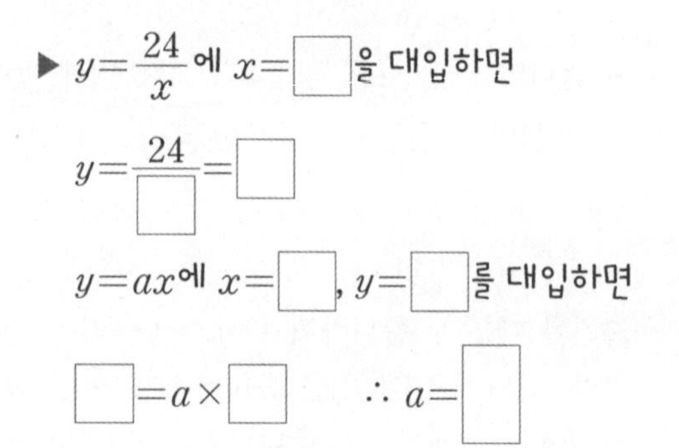

▶ $y=\dfrac{24}{x}$에 $x=\square$을 대입하면

$y=\dfrac{24}{\square}=\square$

$y=ax$에 $x=\square$, $y=\square$를 대입하면

$\square=a\times\square$ $\therefore a=\square$

04 오른쪽 그림과 같이 정비례 관계 $y=3x$의 그래프와 반비례 관계 $y=\dfrac{a}{x}$의 그래프가 만나는 점 P의 x좌표가 2일 때, 상수 a의 값을 구하시오.

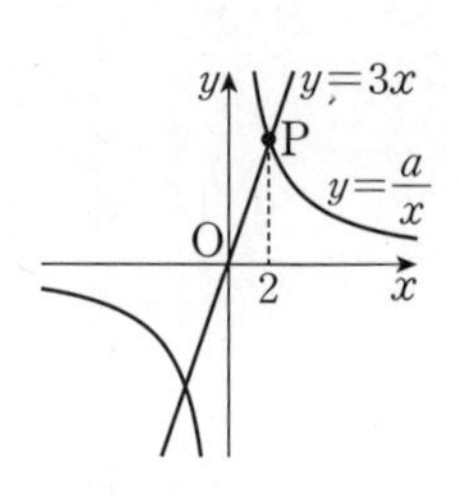

유형 2 거리, 속력, 시간 - 정비례 관계

시속 a km로 x시간 동안 움직인 거리를 y km라고 하면 ➡ $y=ax$

Skill 속력이 주어지면 (거리)=(속력)×(시간)임을 이용하여 x와 y 사이의 관계식을 세우자.

05 시속 80 km로 달리는 자동차로 x시간 동안 달린 거리를 y km라고 할 때, 물음에 답하시오.

(1) x와 y 사이의 관계식을 세우시오.

(2) 이 자동차로 3시간 동안 달릴 때 이동한 거리를 구하시오.

(3) 이 자동차를 타고 400 km를 가는 데 걸리는 시간을 구하시오.

06 민성이가 자전거를 타고 분속 600 m의 속력으로 x분 동안 달린 거리를 y m라고 할 때, 물음에 답하시오.

(1) x와 y 사이의 관계식을 세우시오.

(2) 민성이가 자전거를 타고 15분 동안 이동한 거리를 구하시오.

(3) 민성이가 자전거를 타고 3000 m를 가는 데 걸리는 시간을 구하시오.

유형 3 거리, 속력, 시간 - 반비례 관계

a km 떨어진 거리를 시속 x km로 움직일 때 걸리는 시간을 y시간이라고 하면 ➡ $y=\frac{a}{x}$

Skill 거리가 주어질 때 (시간)$=\frac{(\text{거리})}{(\text{속력})}$임을 이용하여 x와 y 사이의 관계식을 세우자.

07 지석이네 가족은 360 km 떨어진 외가댁에 가려고 한다. 자동차를 타고 시속 x km로 달리면 y시간이 걸린다고 할 때, 물음에 답하시오.

(1) x와 y 사이의 관계식을 세우시오.

(2) 시속 90 km로 달릴 때, 외가댁까지 가는 데 걸리는 시간을 구하시오.

(3) 지석이네 가족이 외가댁에 6시간 만에 도착하려면 자동차를 타고 시속 몇 km로 달려야 하는지 구하시오.

08 연수네 집에서 2.4 km 떨어져 있는 도서관까지 분속 x m로 걸어가면 y분이 걸린다고 할 때, 물음에 답하시오.

(1) x와 y 사이의 관계식을 세우시오.

(2) 연수가 분속 80 m로 걸어갈 때, 집에서 도서관까지 가는 데 걸리는 시간을 구하시오.

(3) 연수가 집에서 도서관까지 40분 만에 도착하려면 분속 몇 m로 걸어야 하는지 구하시오.

TEST 07

단원 평가

01 다음 중 오른쪽 좌표평면 위의 점의 좌표를 나타낸 것으로 옳지 않은 것은?

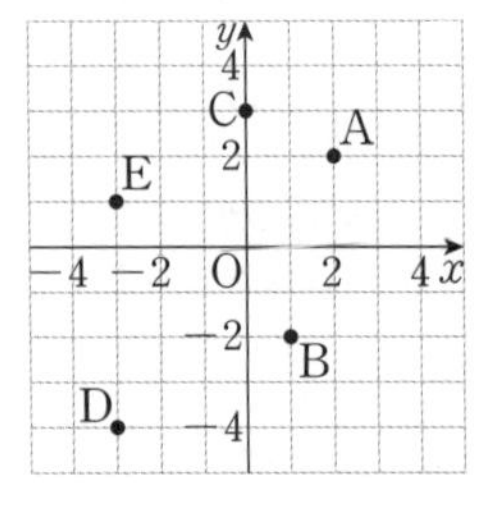

① A(2, 2)
② B(−1, −2)
③ C(0, 3)
④ D(−3, −4)
⑤ E(−3, 1)

02 점 $(a-4,\ a+2)$가 x축 위의 점일 때, a의 값을 구하시오.

03 $a<0$, $b>0$일 때, 다음 중 제3사분면 위의 점은?

① $(a,\ b)$ ② $(-a,\ b)$
③ $(-a,\ -b)$ ④ $(a,\ -b)$
⑤ $(b-a,\ ab)$

04 두 점 $(a+1,\ -2)$, $(4,\ b)$가 y축에 대하여 대칭일 때, ab의 값을 구하시오.

05 세 점 A$(-2,\ 2)$, B$(-2,\ -3)$, C$(4,\ 2)$를 꼭짓점으로 하는 삼각형 ABC의 넓이를 구하시오.

06 y가 x에 정비례하고, $x=3$일 때 $y=-12$이다. $y=20$일 때 x의 값을 구하시오.

07 오른쪽 그림과 같은 모양의 물병에 일정한 속력으로 물을 넣을 때, 다음 중 물을 넣는 시간 x와 물의 높이 y 사이의 관계를 나타낸 그래프로 알맞은 것을 고르시오.

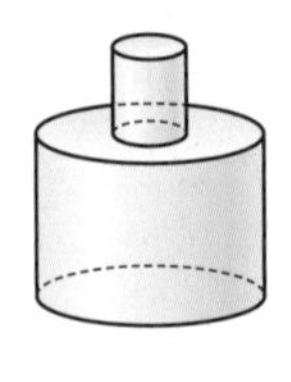

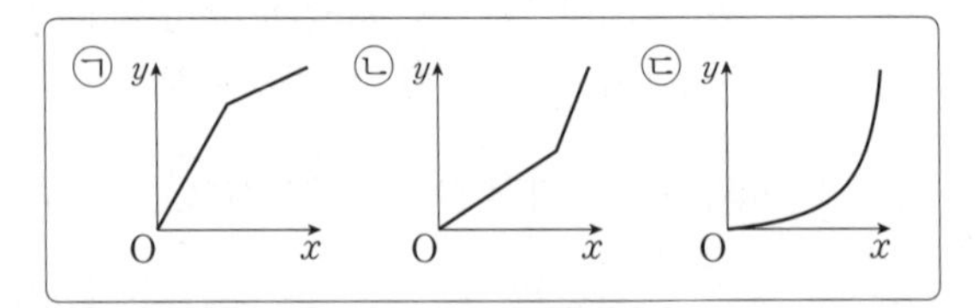

08 다음 중 정비례 관계 $y=\frac{4}{5}x$의 그래프 위의 점이 아닌 것은?

① $(15,\ 12)$ ② $(10,\ 8)$
③ $\left(3,\ \frac{12}{5}\right)$ ④ $\left(-2,\ -\frac{8}{5}\right)$
⑤ $(-4,\ -5)$

09 다음 중 정비례 관계 $y=-3x$의 그래프에 대한 설명으로 옳은 것은?

① 원점을 지나지 않는다.
② 점 $(-2,\ -6)$을 지난다.
③ 제2사분면과 제4사분면을 지난다.
④ x의 값이 증가하면 y의 값도 증가한다.
⑤ 정비례 관계 $y=4x$의 그래프보다 y축에 더 가깝다.

10 정비례 관계 $y=ax$의 그래프가 두 점 $(-3,\ -6)$, $(k,\ 8)$을 지날 때, k의 값을 구하시오. (단, a는 상수)

점수

스피드 정답 : 09쪽
친절한 풀이 : 39쪽

11 톱니의 수가 각각 32개, 48개인 두 톱니바퀴 A, B가 서로 맞물려 돌아가고 있다. 톱니바퀴 A가 x번 회전할 때 톱니바퀴 B는 y번 회전한다. x와 y 사이의 관계식을 구하시오.

12 다음 중 y가 x에 반비례하는 것을 모두 고르면? (정답 2개)

① $y=3x$ ② $y=-\frac{5}{x}$ ③ $y=2x+3$
④ $\frac{x}{y}=7$ ⑤ $xy=12$

13 반비례 관계 $y=\frac{15}{x}$의 그래프가 점 $(a,\ 6)$을 지날 때, a의 값을 구하시오.

14 다음 반비례 관계의 그래프 중 원점에 가장 가까운 것은?

① $y=-\frac{9}{x}$ ② $y=-\frac{4}{x}$ ③ $y=-\frac{2}{x}$
④ $y=\frac{3}{x}$ ⑤ $y=\frac{8}{x}$

15 오른쪽 그림과 같은 그래프가 점 $(k,\ -9)$를 지날 때, k의 값을 구하시오.

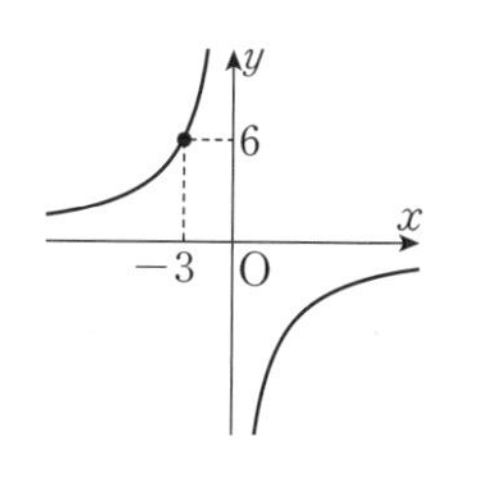

16 오른쪽 그림은 반비례 관계 $y=\frac{a}{x}$의 그래프이고 점 P는 이 그래프의 제1사분면 위의 점이다. 직사각형 OAPB의 넓이가 20일 때, 상수 a의 값을 구하시오.

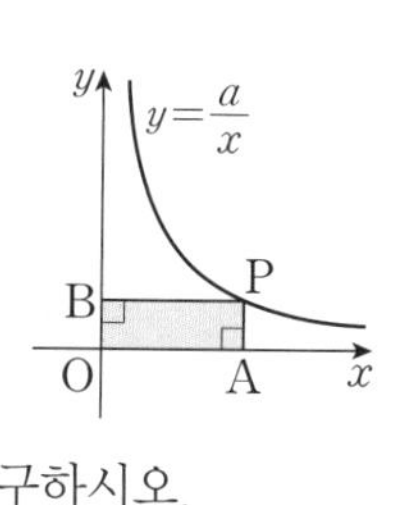

17 넓이가 24 cm^2인 삼각형의 밑변의 길이가 x cm, 높이가 y cm일 때, 물음에 답하시오.

(1) x와 y 사이의 관계식을 구하시오.

(2) 삼각형의 높이가 8 cm일 때, 밑변의 길이를 구하시오.

18 온도가 일정할 때, 기체의 부피 $y\ \text{cm}^3$는 압력 x기압에 반비례한다. 어떤 기체의 부피가 18 cm^3일 때, 압력은 4기압이다. 부피가 9 cm^3일 때, 이 기체의 압력을 구하시오.

19 오른쪽 그림과 같이 정비례 관계 $y=ax$의 그래프와 반비례 관계 $y=\frac{30}{x}$의 그래프가 만나는 점 P의 x좌표가 5일 때, 상수 a의 값을 구하시오.

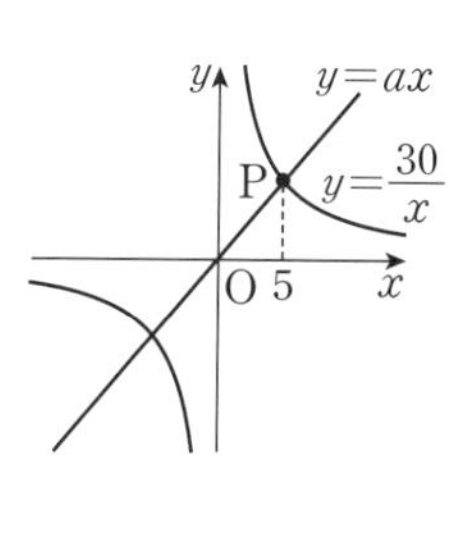

20 유리가 집에서 공원까지 자전거를 타고 가는데 분속 600 m로 달리면 12분이 걸린다고 한다. 집에서 공원까지 가는 데 10분이 걸렸을 때, 분속 몇 m로 달렸는지 구하시오.

쉬어 가기

스도쿠 게임

＊ 게임 규칙

❶ 모든 가로줄, 세로줄에 각각 1에서 9까지의 숫자를 겹치지 않게 배열한다.

❷ 가로, 세로 3칸씩 이루어진 9칸의 격자 안에도 1에서 9까지의 숫자를 겹치지 않게 배열한다.

	1					4	3	
7								
			2	5	4	9		
1	7			4		2		6
				9				3
		3			6		8	
		1	4	7			6	
			5		8	1	2	
	9					3		4

답

5	1	9	6	8	7	4	3	2
7	2	4	6	1	3	9	5	8
3	8	6	2	5	4	9	1	7
1	7	8	3	4	5	2	9	6
6	5	2	8	9	1	7	4	3
9	4	3	7	2	6	5	8	1
2	3	1	4	7	9	8	6	5
4	9	7	5	3	8	1	2	6
8	9	5	1	6	2	3	7	4

연산을 잡아야 수학이 쉬워진다!

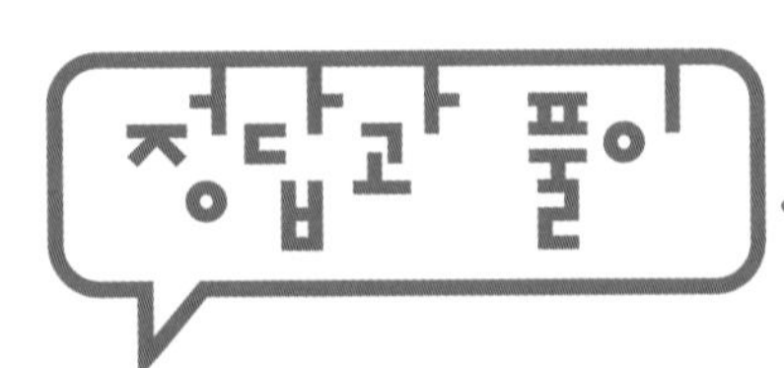

| 스피드 정답 | 01~09쪽

각 문제의 정답만을 모아서 빠르게 정답을 확인할 수 있습니다.

| 친절한 풀이 | 10~40쪽

틀리기 쉽거나 헷갈리는 문제들의 풀이 과정을 친절하고 자세하게 실었습니다.

Chapter V 문자와 식

ACT 01
014~015쪽

- 01 $5x$
- 02 $-3a$
- 03 ab
- 04 axy
- 05 $\frac{1}{4}ax$
- 06 $-2ab$
- 07 $-t$
- 08 xy
- 09 $0.1ab$
- 10 a^2
- 11 $-x^2$
- 12 $3ay^3$
- 13 $\frac{1}{2}(x+y)$
- 14 $-3(a-b)$
- 15 $\frac{a}{3}$
- 16 $-\frac{x}{2}$
- 17 $\frac{4}{a}$
- 18 $-\frac{5}{b}$
- 19 $\frac{x}{y}$
- 20 $\frac{2a}{3}$
- 21 a
- 22 $-x$
- 23 $2x$
- 24 $-6a$
- 25 $\frac{x}{2y}$
- 26 $-\frac{a}{5b}$
- 27 $\frac{a+b}{6}$
- 28 $\frac{1}{x-y}$
- 29 $\frac{a-b}{x}$
- 30 $\frac{a+2b}{2x-y}$
- 31 ④

ACT 02
016~017쪽

- 01 $\frac{2a}{b}$
- 02 $\frac{xy}{z}$
- 03 $-3ax$
- 04 $-\frac{a}{bc}$
- 05 $\frac{a^2b}{3}$
- 06 $\frac{x^3}{y^2}$
- 07 $\frac{ax}{by}$
- 08 $\frac{ab}{c}$
- 09 $\frac{5}{ab}$
- 10 $\frac{x}{ay}$
- 11 $\frac{ax}{2}$
- 12 $-\frac{7a}{y}$
- 13 $\frac{xz}{y}$
- 14 $\frac{4b}{a^2}$
- 15 $a+3b$
- 16 $b-5x$
- 17 $x-\frac{y}{2}$
- 18 $y+\frac{4}{a}$
- 19 $\frac{y}{x}+a$
- 20 $2a+3b$
- 21 $3a-\frac{b}{2}$
- 22 $\frac{a}{3}+\frac{4}{b}$
- 23 $\frac{a}{b}-x$
- 24 $\frac{2y}{x}-6c$
- 25 $-4a+x^2$
- 26 $\frac{x}{3}-a^3$
- 27 $5a+\frac{x-y}{5}$
- 28 $-3(a+b)-\frac{a}{b}$
- 29 $x^3-\frac{yz}{x}$
- 30 $-\frac{1}{2}a^2+\frac{b}{a^2}$
- 31 ④

ACT 03
018~019쪽

- 01 1, 2, 3, 4, a
- 02 $300x$
- 03 $500b$원
- 04 $10y$원
- 05 $7m$원
- 06 $\frac{x}{12}$
- 07 $\frac{10000}{b}$원
- 08 $\frac{y}{10}$원
- 09 $800x+700y$
- 10 $(3a+750b)$원
- 11 $(500x+4y)$원
- 12 $x+8$
- 13 $(a-3)$살
- 14 $(14+y)$살
- 15 $7000-x$
- 16 $(a-3000)$원
- 17 $5000-600x$
- 18 $(6000-4y)$원
- 19 $(10000-1500k)$원
- 20 $\frac{a}{10}$
- 21 $\frac{x}{20}$ g
- 22 $\frac{b}{5}$개
- 23 y, $\frac{y}{2}$
- 24 $3p$쪽
- 25 $20q$ km
- 26 ①, ③

ACT+ 04
020~021쪽

- 01 (1) $10a+b$ (2) $10x+2$
- 02 $70+a$
- 03 $100m+n+50$
- 04 (1) 5, $\frac{x}{20}$ / $\frac{21}{20}x$ (2) $(3000+30a)$원
- 05 (1) 10, $\frac{x}{10}$ / $\frac{9}{10}x$ (2) $(500-5y)$원
- 06 (1) $60x$ km (2) 시속 $\frac{y}{2}$ km (3) $\frac{a}{50}$시간
- 07 ㉠, ㉢
- 08 (1) $\frac{a}{3}$ % (2) $\frac{5000}{b}$ %
- 09 (1) $2x$ g (2) $\frac{13}{100}y$ g
- 10 $(3a+5b)$ g

ACT 05
022~023쪽

- 01 3 / 6, 1
- 02 15
- 03 -1
- 04 -1
- 05 13
- 06 1
- 07 $\frac{15}{2}$
- 08 -4 / -12, -11
- 09 -16
- 10 28
- 11 14
- 12 -1
- 13 35
- 14 -4
- 15 -2 / 4, 16
- 16 8
- 17 -12
- 18 8
- 19 $\frac{2}{3}$, $-\frac{4}{9}$
- 20 $\frac{4}{9}$
- 21 $\frac{8}{9}$
- 22 8
- 23 6, $\frac{1}{3}$
- 24 $-\frac{2}{3}$
- 25 $\frac{1}{4}$
- 26 $\frac{3}{2}$, $\frac{2}{3}$, 4
- 27 -3
- 28 11
- 29 ③

ACT 06
024~025쪽

01 $2, -1, 9$
02 -6
03 10
04 1
05 7
06 7
07 -4
08 $-3, 4, 25$
09 49
10 -3
11 -28
12 $-\frac{1}{2}$
13 $\frac{3}{2}$
14 5
15 $-\frac{1}{2}, \frac{2}{3}$ / $-1, 2, -3$
16 -3
17 4
18 3
19 $-\frac{17}{2}$
20 $-\frac{5}{3}$
21 $-\frac{2}{9}$
22 5
23 $\frac{3}{4}, -\frac{1}{5}$ / $\frac{4}{3}, -5$ / $4, -5, -1$
24 $-\frac{2}{3}$
25 13
26 33
27 ⑤

ACT+ 07
026~027쪽

01 4 / 4 / $4a$
(1) 8 (2) 12 (3) 20
02 x, x / x^2
(1) 4 (2) 9 (3) 49
03 a, b / $2(a+b)$
(1) 10 (2) 22
04 a, b / ab
(1) 20 (2) 48
05 $a, h, \frac{1}{2}ah$
(1) 10 (2) 30
06 a, h, ah
(1) 15 (2) 28
07 $a, b, h, \frac{1}{2}(a+b)h$
(1) 10 (2) 28
08 $a, b, \frac{1}{2}ab$
(1) 15 (2) 20

ACT 08
030~031쪽

01 $4, 3$
02 -3 / $4x, -3$ / -3 / 4
03 -10 / -10 / -10 / 0
04 $-x+2y+(-5)$ / $-x, 2y, -5$ / -5 / -1
05 $x^2+(-3x)+(-4)$ / $x^2, -3x, -4$ / -4 / -3
06 (1) ○ (2) × (3) ○
07 (1) × (2) × (3) ○
08 1
09 2
10 2
11 0
12 3
13 1
14 2
15 1
16 ○
17 ×
18 ○
19 ○
20 ×
21 ×
22 ③

ACT 09
032~033쪽

01 3 / 3 / 6 / $6x$
02 $-8a$
03 $-45y$
04 $-48x$
05 $-14a$
06 $16y$
07 $12x$
08 $-5x$
09 $-5a$
10 $-2y$
11 $-\frac{2}{15}a$
12 $\frac{4}{7}y$
13 $-\frac{1}{2}$ / $-\frac{1}{2}$ / -7 / $-7a$
14 a
15 $5a$
16 $-3x$
17 $-5x$
18 $2x$
19 $-9y$
20 $-10y$
21 $\frac{2}{3}a$
22 $-\frac{1}{6}a$
23 $\frac{2}{5}x$
24 $-\frac{3}{2}x$
25 $\frac{6}{7}y$
26 $-\frac{2}{27}a$
27 $-\frac{2}{5}x$
28 $\frac{3}{2}y$

ACT 10
034~035쪽

01 $2, 2$ / $2, 6$
02 $4x-5$
03 $4x-3$
04 $-15x+9$
05 $-2x+3$
06 $4, 4$ / $12, 8$
07 $5x-10$
08 $4x+6$
09 $4x-20$
10 $-15x+9$
11 $\frac{1}{2}$ / $\frac{1}{2}, \frac{1}{2}$ / $3, 5$
12 $x-3$
13 $-x-8$
14 $-2x-2$
15 $2x+5$
16 $-2x+1$
17 $x-4$
18 $6x-18$
19 $3x+\frac{3}{2}$
20 $-12x-4$
21 $12x-6$
22 ②

ACT 11
036~037쪽

01 $-3x, \frac{x}{4}$
02 $10y$
03 $5x^2, -8x^2$
04 5와 -9, $-3b$와 $\frac{1}{2}b$
05 $3, 5$
06 $-2x$
07 $-4b$
08 $-3x$
09 $8y$
10 $4, 6$ / 4
11 $6x$
12 b
13 $6y$
14 $-4x$
15 0
16 $\frac{5}{4}b$
17 $\frac{1}{4}y$
18 $3, 4$ / $3, 4$ / $5, 1$
19 $3a-1$
20 $-2x-5y$
21 $-a+2b$
22 $4x+6y$
23 $5a-3b$
24 $\frac{7}{3}x+\frac{3}{4}$
25 $\frac{3}{5}a+\frac{1}{3}b$

ACT 12 038~039쪽

- 01 x, 1 / $-x$, 5
- 02 $3x+3$
- 03 $-2x+1$
- 04 $-3x+1$
- 05 $-11x+4$
- 06 2, $2x$ / $2x$, 2 / $2x$, 2
- 07 $6x-5$
- 08 $2x-4$
- 09 $-13x+12$
- 10 $12x+2$
- 11 $6x$, 20 / $6x$, 20 / $10x$, 29
- 12 $9x+12$
- 13 $5x+11$
- 14 $13x-16$
- 15 $19x-7$
- 16 -16
- 17 $3x$, 6 / $3x$, 6 / $-x$, 12
- 18 $-x+20$
- 19 $x-8$
- 20 $-4x+3$
- 21 $9x+41$
- 22 ⑤

ACT 13 040~041쪽

- 01 $\frac{7}{12}x+\frac{7}{10}$
- 02 $\frac{3}{4}x+\frac{11}{3}$
- 03 $\frac{2}{3}x-\frac{5}{6}$
- 04 $-\frac{9}{5}x+\frac{11}{12}$
- 05 $2x$
- 06 1
- 07 $4x+6$
- 08 $-4x-1$
- 09 $\frac{7}{6}x+\frac{7}{6}$
- 10 $\frac{7}{4}x-\frac{3}{4}$
- 11 $\frac{7}{3}x-\frac{13}{3}$
- 12 $\frac{5}{12}x+\frac{7}{12}$
- 13 $\frac{17}{10}x-\frac{3}{10}$
- 14 $\frac{3}{4}x+\frac{5}{12}$
- 15 $-\frac{1}{12}x+\frac{11}{12}$
- 16 $\frac{2}{3}x+\frac{5}{6}$
- 17 $\frac{2}{9}x-\frac{14}{9}$
- 18 $\frac{13}{6}$
- 19 $-\frac{1}{15}x+\frac{28}{15}$
- 20 ④

ACT+ 14 042~043쪽

- 01 (1) $3x-4$ (2) $-5x+15$ (3) $8x-9$
- 02 ②
- 03 ①
- 04 (1) $5x+1$ (2) $x+3$ (3) $8x+3$ (4) 7
- 05 $5x-19$
- 06 ⑤
- 07 (1) 4, 5 (2) $4x+2$ (3) $7x-5$ (4) $3x+3$
- 08 ④
- 09 $4x-1$ / $4x-1$ / 4, 1 / $2x-4$
- 10 ③
- 11 $3x-5y$

TEST 05 044~045쪽

- 01 ④
- 02 ④
- 03 ①, ④
- 04 ②
- 05 $l=2(a+b)$
- 06 $S=ah$
- 07 $l=30$, $S=48$
- 08 ①, ③
- 09 (1) ○ (2) ○ (3) × (4) × (5) ○ (6) ×
- 10 ①, ④
- 11 $-16x$
- 12 $18y$
- 13 $4x-10$
- 14 $3x-2$
- 15 ⑤
- 16 $-x+2$
- 17 $\frac{1}{6}x+\frac{11}{6}$
- 18 $2x-12$
- 19 $16x-15$
- 20 $-2x+2$

Chapter Ⅵ 일차방정식

ACT 15 050~051쪽

- 01 ×
- 02 ×
- 03 ○
- 04 ○
- 05 ×
- 06 ○
- 07 $12-5=7$
- 08 $x+9=15$
- 09 $x-3=4x+2$
- 10 $700x=3500$
- 11 $8x=32$
- 12 $20x=60$
- 13 방
- 14 항
- 15 항
- 16 방
- 17 항
- 18 ×
- 19 ○
- 20 ×
- 21 ○
- 22 ○
- 23 $a=3$, $b=2$
- 24 $a=4$, $b=-2$
- 25 $a=5$, $b=-2$
- 26 $a=-3$, $b=-1$
- 27 $a=-7$, $b=4$
- 28 ②

ACT 16 052~053쪽

- 01 4
- 02 9
- 03 5
- 04 2
- 05 -3
- 06 7
- 07 ○
- 08 ×
- 09 ○
- 10 ×
- 11 ○
- 12 2 / 2, 2 / 7
- 13 $x=6$
- 14 $x=-2$
- 15 $x=-11$
- 16 $x=6$
- 17 $x=-24$
- 18 $x=2$
- 19 $x=-5$
- 20 4 / 4, 4 / 9 / 3 / 3, $\frac{9}{3}$ / 3
- 21 $x=4$
- 22 $x=25$
- 23 $x=-2$
- 24 ③

ACT 17
056~057쪽

01 4
02 $x=3-5$
03 $-3x=7-1$
04 $2x+x=9$
05 $4x-2x=-8$
06 $2x+3x=5-5$
07 5 / 6
08 $5x=2$
09 $5x=10$
10 $-7x=-1$
11 $\frac{1}{2}x=2$
12 $-\frac{1}{6}x=-\frac{13}{6}$
13 ○ / 4 / 1
14 ○ / $-3x-3=0$
15 ○ / $-2x+6=0$
16 × / $3x^2+2x+4=0$
17 ○ / $-5x+7=0$
18 × / $0=0$
19 ○ / $4x-1=0$
20 2, 3 / $a-2$ / 2 / -2, -1, 0, 1
21 1, 2, 4, 5
22 -2, 0, 1, 2
23 -4, -3, -2, -1
24 ④

ACT 18
058~059쪽

01 2, 3
02 $x=-3$
03 $x=2$
04 $x=-9$
05 $x=-8$
06 $x=9$
07 3 / 8 / 8 / 4
08 $x=-\frac{5}{3}$
09 $x=0$
10 $x=7$
11 $x=-\frac{5}{4}$
12 $x=-\frac{7}{3}$
13 $2x$, 4 / 4
14 $x=-\frac{1}{2}$
15 $x=1$
16 $x=-1$
17 $x=3$
18 $x=2$
19 $x=-\frac{4}{5}$
20 $x=9$
21 x, 3 / 4
22 $x=2$
23 $x=\frac{1}{2}$
24 $x=-1$
25 $x=2$
26 $x=-\frac{5}{2}$
27 ④

ACT 19
060~061쪽

01 6 / 6 / 1 / $\frac{1}{3}$
02 $x=1$
03 $x=-\frac{8}{5}$
04 $x=3$
05 $x=\frac{1}{4}$
06 3 / $2x$, -3 / -3
07 $x=2$
08 $x=-2$
09 $x=\frac{1}{3}$
10 $x=\frac{3}{2}$
11 $x=-8$
12 $x=0$
13 $x=-5$
14 $x=2$
15 $x=-\frac{3}{2}$
16 $x=\frac{5}{3}$
17 $x=-3$
18 $x=-\frac{15}{2}$
19 $x=\frac{4}{7}$
20 $x=14$
21 $x=1$
22 $x=-\frac{1}{2}$
23 ④

ACT 20
062~063쪽

01 10 / 5, 2 / -3 / -1
02 $x=-5$
03 100 / 4, 16 / 20 / 10
04 $x=8$
05 $x=-1$
06 $x=2$
07 $x=4$
08 $x=3$
09 $x=30$
10 $x=60$
11 $x=2$
12 $x=-\frac{1}{3}$
13 $x=7$
14 $x=-22$
15 $x=-\frac{3}{5}$
16 $x=43$
17 $x=7$
18 $x=-7$
19 $x=-\frac{3}{2}$
20 $x=\frac{1}{4}$
21 $x=\frac{1}{3}$
22 $x=-9$
23 ⑤

ACT 21
064~065쪽

01 5, 5 / 10
02 $x=-3$
03 $x=-2$
04 $x=\frac{4}{3}$
05 6 / 2, 9 / 7 / $\frac{7}{3}$
06 $x=\frac{23}{6}$
07 $x=2$
08 $x=-\frac{8}{17}$
09 12 / 9, 6 / -2, -1 / $\frac{1}{2}$
10 $x=-50$
11 $x=2$
12 $x=-\frac{5}{3}$
13 $x=\frac{2}{5}$
14 $x=-\frac{7}{5}$
15 15 / $5x$, 10 / -5, -7 / $\frac{7}{5}$
16 $x=-5$
17 $x=\frac{18}{7}$
18 $x=-\frac{9}{2}$
19 ①

ACT 22
066~067쪽

01 2, 2 / 6 / 7
02 $x=-8$
03 $x=\frac{1}{7}$
04 $x=\frac{1}{3}$
05 2, 2 / 2 / 1
06 $x=-10$
07 $x=1$
08 $x=\frac{2}{5}$
09 10, 0 / -14
10 $x=13$
11 $x=-10$
12 $x=17$
13 $x=1$
14 $x=\frac{23}{3}$
15 $x=-1$
16 $x=-\frac{1}{3}$
17 $x=-\frac{1}{7}$
18 $x=2$
19 $x=-9$
20 $x=\frac{3}{17}$

ACT 23
068~069쪽

01 $2 / 2 / 6 / -6$

02 $x=\frac{4}{13}$

03 $x=5$

04 $x=-17$

05 $6 / x, 6 / 2, -24 / -12$

06 $x=-4$

07 $x=-1$

08 $x=1$

09 $x=-\frac{1}{5}$

10 $x=1$

11 $x=\frac{3}{5}$

12 $x=2$

13 $x=\frac{3}{7}$

14 $x=\frac{9}{19}$

15 $x=1$

16 $x=-3$

17 $x=11$

18 $x=-\frac{5}{2}$

19 ②

ACT+ 24
070~071쪽

01 (1) $5x-3, x-1 / 5x-3, 2 / 3, 1 / \frac{1}{3}$
(2) $x=4$ (3) $x=1$
(4) $x=9$ (5) $x=-\frac{3}{5}$

02 ③

03 -4

04 ②

05 (1) $2 / 2 / 1 / -1$
(2) -3

06 (1) $-2 / -6 / 6 / 2$ (2) $\frac{1}{3}$

07 -5

08 (1) $x=3$ (2) -3

09 ③

10 2

ACT 25
072~073쪽

01 $6+x$

02 $x+10=3x$

03 $2(6+x)=30$

04 $\frac{1}{2}(x+9)\times 7=56$

05 $50x=150$

06 $7x+5=40$

07 $(x+9)+x=25$

08 $800\times 5+500x=7000$

09 $4 / -20$

10 $x-9=-13 / -4$

11 $x+15=3x-7 / 11$

12 $2x-5=4x+9 / -7$

13 $(x+10)\div 2=5x / \frac{10}{9}$

14 $39+x, 11+x / x, x /$ 3년

15 $32+x=2(14+x) /$ 4년

16 $70+x=4(16+x) /$ 2년

ACT+ 26
074~075쪽

01 (1) $x-1, x+1$
(2) $(x-1)+x+(x+1)=15$
(3) $x=5$ (4) 4, 5, 6

02 $x+(x+1)+(x+2)=24 / 7$

03 $(x-4)+(x-2)+x=30 / 12$

04 (1) $20+x / 10x+2$
(2) $10x+2=(20+x)+45$
(3) $x=7$ (4) 27

05 $40+x=(10x+4)-18 / 64$

06 (1) $(x+4)$ cm (2) $2\{(x+4)+x\}=40$
(3) $x=8$ (4) 8 cm

07 $2(8+x)=26 /$ 5 cm

08 $\frac{1}{2}\times 9\times x=27 /$ 6 cm

09 $2\{x+(x+3)\}=34 /$ 7 cm

10 $\frac{1}{2}\{x+(x+2)\}\times 8=48/$5 cm

11 $8(9+x)=96 / 3$

ACT+ 27
076~077쪽

01 (1) $(10-x)$개 (2) $900, 10-x$
(3) $x=6$ (4) 6, 4

02 $1000x+1400(10-x)=12000$
사과 : 5개, 배 : 5개

03 $2x+3(13-x)=30 /$ 9개

04 $4(32-x)+2x=80 /$ 24마리

05 $750x+950(10-x)=10000-1100$
연필 : 3자루, 색연필 : 7자루

06 (1) ① $4x+3$ ② $5x-2$ (2) $4x+3=5x-2$
(3) $x=5$ (4) $5 / 23$

07 $5x+8=6x-4 /$ 12명

08 $7x+5=8x-6 /$ 82자루

09 $6x+3=7x-2$
상자 : 5개, 도넛 : 33개

10 $5x+4=7x-12 /$ 4개

ACT+ 28
078~079쪽

01 x km / $\frac{x}{3}$시간 / 2, 3 / 6 km

02 $\frac{x}{6}+\frac{x}{4}=\frac{100}{60}$ / 4 km

03 $(3-x)$ km / $\frac{3-x}{4}$시간
3, $3-x$, 50 / 1 km

04 $\frac{2000-x}{80}+\frac{x}{200}=16$ / 1200 m

05 ❶ 10, 500 ❷ 8, $500+x$ / 10, 500, 8, $500+x$ / 125 g

06 $\frac{30}{100}\times 200=\frac{50}{100}\times(200-x)$ / 80 g

07 ❶ 8, 200 ❷ 15 ❸ 10, $200+x$
$\frac{8}{100}\times 200+\frac{15}{100}\times x=\frac{10}{100}\times(200+x)$ / 80 g

08 $\frac{10}{100}\times 300+\frac{6}{100}\times x=\frac{8}{100}\times(300+x)$ / 300 g

TEST 06
080~081쪽

01	④	05	④	09	$x=5$	13	-2	17	11포기
02	②, ④	06	②	10	$x=\frac{9}{5}$	14	③	18	49권
03	④	07	$x=2$	11	②	15	17	19	10 km
04	①, ⑤	08	$x=-2$	12	24	16	6	20	200 g

Chapter Ⅶ 좌표평면과 그래프

ACT 29
086~087쪽

01 -3, 0, 4

02 -4, $-\frac{3}{2}$, 1

03 $-\frac{7}{2}$, $\frac{4}{3}$, $\frac{5}{2}$

04
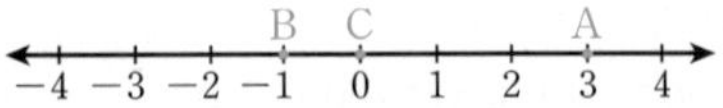

05
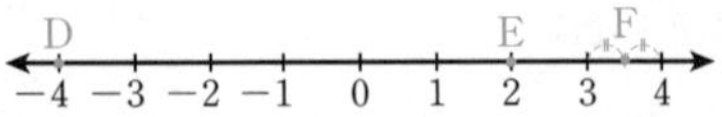

06
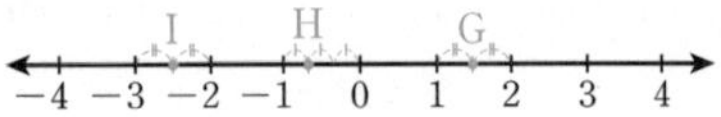

07 1, 1 / 2, -3 / -4, 2 / -3, -1

08 3, -2 / 4, 3 / -1, -3 / -3, 4

09 -2, 2 / -4, -4 / 3, 2 / 1, -3

10
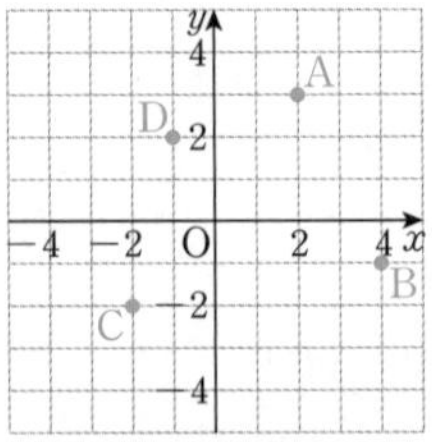

11
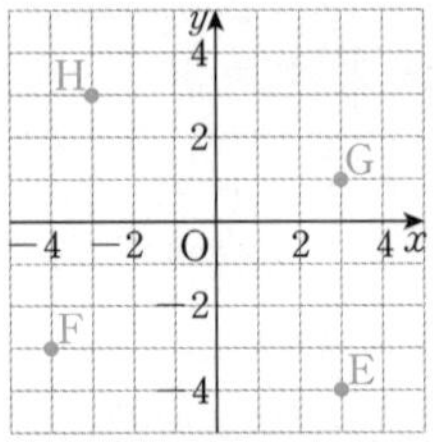

12
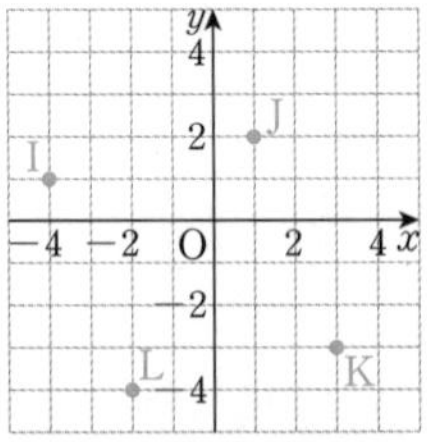

ACT 30
088~089쪽

01 2, 4

02 3, -1

03 -5, 6

04 -8, -3

05 7, -2

06 -9, 10

07 A(5, 3)

08 B(-2, -6)

09 C(4, -8)

10 D(-3, 1)

11 E(-7, -9)

12 F(10, -5)

13~16
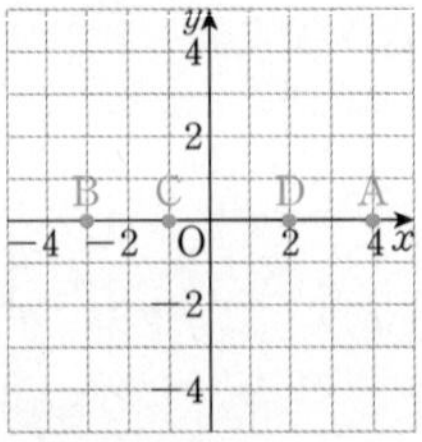

13 A(4, 0)

14 B(-3, 0)

15 C(-1, 0)

16 D(2, 0)

17~20
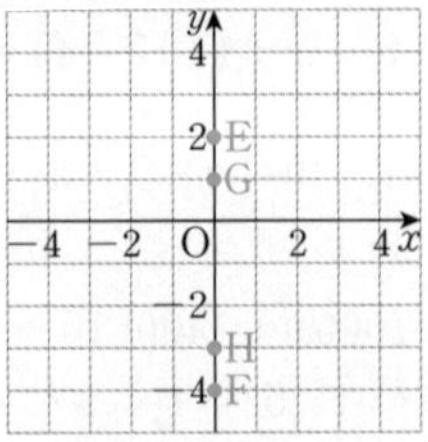

17 E(0, 2)

18 F(0, -4)

19 G(0, 1)

20 H(0, -3)

21 0 / 0, -1

22 5

23 $\frac{3}{2}$

24 -2

25 0 / 0, 2

26 -6

27 -3

28 5

ACT 31
090~091쪽

01~06
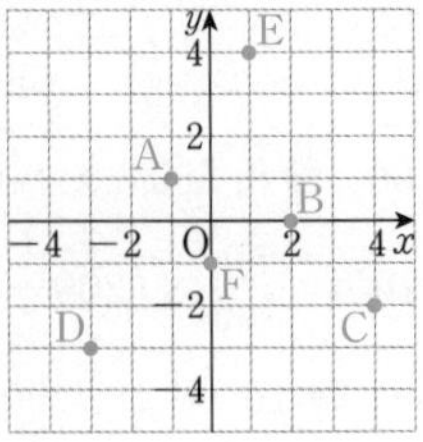

01 제2사분면

02 어느 사분면에도 속하지 않는다.

03 제4사분면

04 제3사분면

05 제1사분면

06 어느 사분면에도 속하지 않는다.

07 B, E

08 C, F

09 D, E

10 $-$, 4

11 $-$, $+$, 2

12 $-$, $-$, 3

13 $+$, $-$, 4

14 $+$, $+$, 1

15 $-$, 4

16 $-$, $-$, 3

17 $-$ $+$, 2

18 $-$, $-$, 3

19 $+$, $+$, 1

20 $+$, $+$, 1

21 $-$, $-$, 3

22 $+$, $-$, 4

23 $+$, $-$, 4

24 $+$, $-$, 4

25 $-$, $+$, 2

26 $+$, $+$, 1

27 제2사분면

ACT 32
092~093쪽

01~03

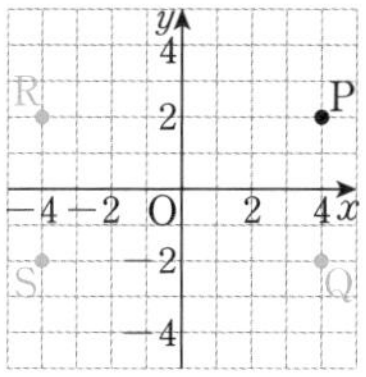

01 $Q(4, -2)$
02 $R(-4, 2)$
03 $S(-4, -2)$

04~06

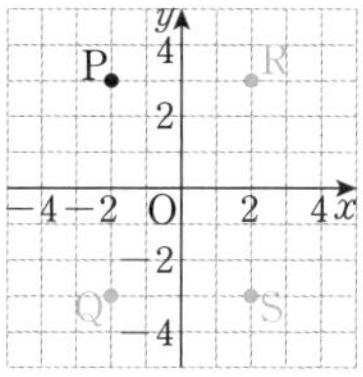

04 $Q(-2, -3)$
05 $R(2, 3)$
06 $S(2, -3)$
07 $Q(-1, -5)$
08 $R(1, 5)$
09 $S(1, -5)$
10 $Q(6, 4)$
11 $R(-6, -4)$
12 $S(-6, 4)$
13 $Q(-3, 7)$
14 $R(3, -7)$
15 $S(3, 7)$
16 $a=-4, b=-2$
17 $a=5, b=3$
18 $a=7, b=1$
19 $a=7, b=1$
20 $a=-2, b=1$
21 $a=-5, b=-4$
22 $a=1, b=-3$
23 $a=-2, b=4$
24 $a=-7, b=3$
25 $B(3, -2)$
26 $C(-3, 2)$
27
28 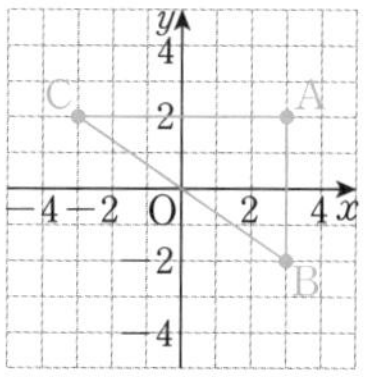
29 8 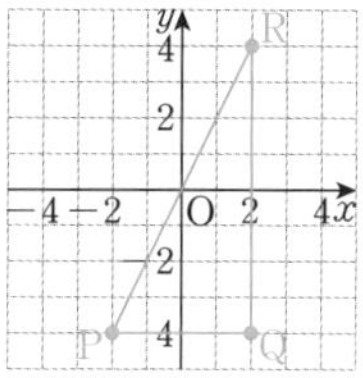

ACT 33
094~095쪽

01 4, 8, 12, 16, 20
02 (1, 4), (2, 8), (3, 12), (4, 16), (5, 20)
03 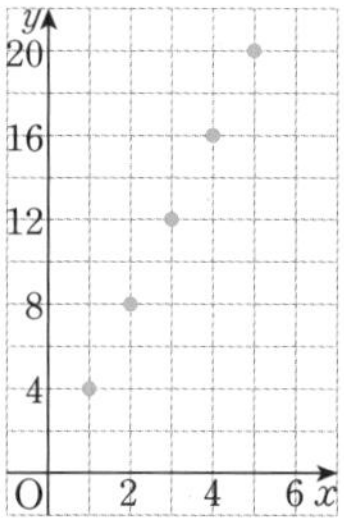
04 10, 20, 30, 40, 50
05 (1, 10), (2, 20), (3, 30), (4, 40), (5, 50)
06 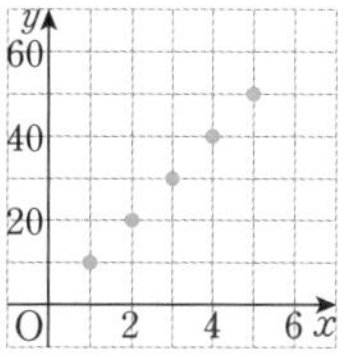
07 ×
08 ○
09 ×
10 ○
11 50 °C
12 20 °C
13 40분
14 30분
15 60분
16 120분
17 150 kcal
18 100 kcal
19 50분

ACT+ 34
096~097쪽

01 (1) (2) 25
02 , 25
03 (1) (2) 10
04 , 15
05 (1) ㉠ (2) ㉣ (3) ㉡ (4) ㉢
06 (1) ㉢ (2) ㉡
07 ⑤

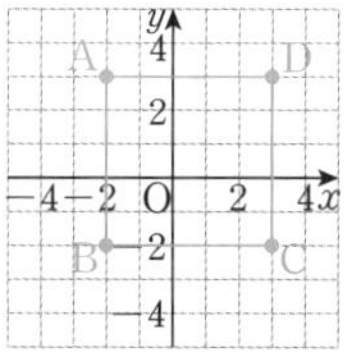

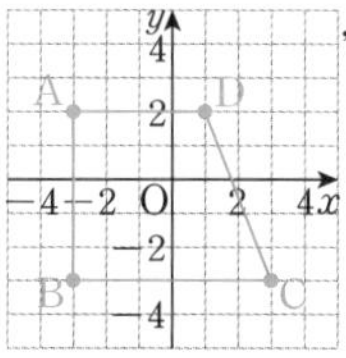

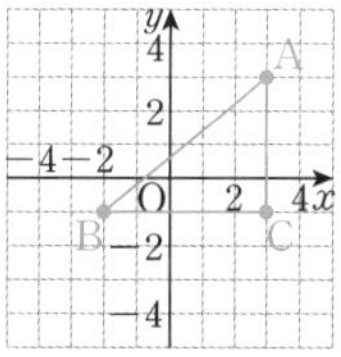

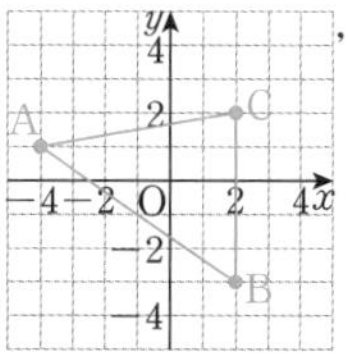

ACT 35
100~101쪽

01 4, 6 / 2
02 6, 12 / 3
03 −8, −12 / −4
04 $\frac{1}{3}, \frac{2}{3} / \frac{1}{3}$
05 ○
06 ×
07 ○
08 ○
09 ×
10 ○
11 ×
12 $y=6x$
13 $y=500x$
14 $y=60x$
15 $y=25x$
16 $y=10x$
17 $y=2000x$
18 $y=5x$
19 $y=130x$
20 8, 2, 4 / 4
21 $y=-3x$
22 $y=\frac{1}{3}x$
23 $y=\frac{1}{2}x$
24 $y=2x$
25 −3

ACT 36
102~103쪽

01 (1) 2, 0, -2, -4
(1), (2)
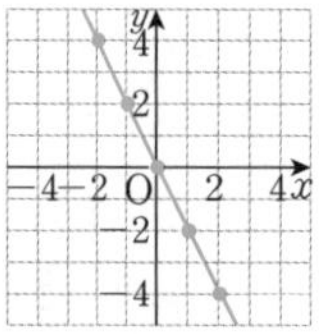

02 -3, $-\frac{3}{2}$, 0, $\frac{3}{2}$
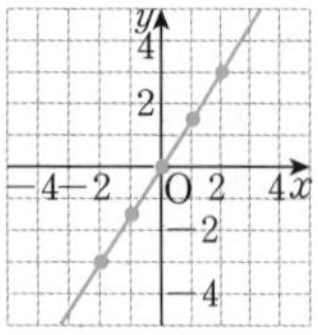

03 0, 3
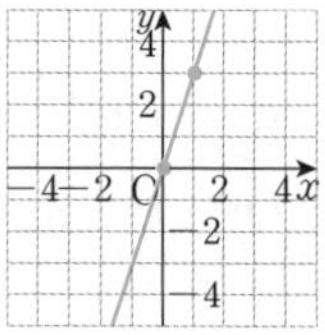

04 0, -1
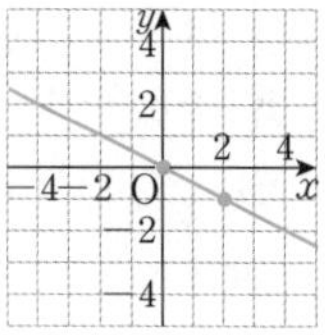

05 0, 4
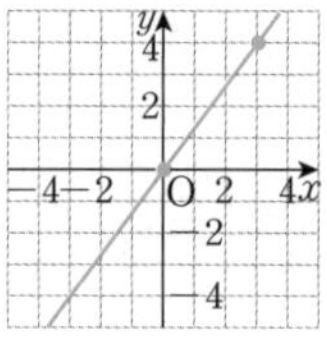

06 ○
07 ×
08 ○
09 ×
10 ○
11 ×
12 ○
13 ○
14 ×
15 6 / 6, a, 3
16 -2
17 14
18 $\frac{1}{2}$
19 -4
20 -20
21 12

ACT 37
104~105쪽

01~04
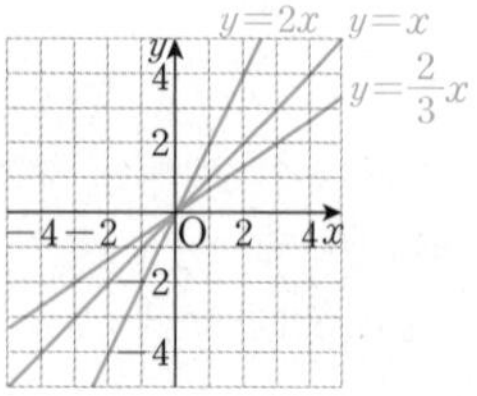

01 위
02 1, 3
03 증가
04 $y=2x$, $y=x$, $y=\frac{2}{3}x$
05 제1사분면, 제3사분면
06 제2사분면, 제4사분면
07 제2사분면, 제4사분면
08 제1사분면, 제3사분면
09 제2사분면, 제4사분면
10 ㉠, ㉣
11 ㉡, ㉢
12 ㉡, ㉢
13 ㉠
14 ㉢
15 ㉡
16 ㉢
17 ㉣
18 ㉠
19 ○
20 ×
21 ○
22 ×
23 ×
24 ○
25 ④

ACT 38
106~107쪽

01 -2, 4 / 4, -2, -2
02 3
03 $\frac{1}{4}$
04 $-\frac{2}{3}$
05 8
06 $-\frac{1}{6}$
07 6, 3 / 3, 6 / $\frac{1}{2}$ / $\frac{1}{2}$
08 $y=-\frac{3}{2}x$
09 $y=2x$
10 2, 6 / 6, 2, 3, / 3, 3 / 3, 3, 9
11 -4
12 12
13 6
14 $\frac{5}{2}$
15 3
16 -2
17 3, 2 / 2, 3, $\frac{2}{3}$ / $\frac{2}{3}$, -4 / -4, $\frac{2}{3}$, -6
18 -4
19 $\frac{9}{2}$
20 $\frac{3}{2}$

ACT+ 39
108~109쪽

01 (1) P(10, 8) (2) 10 (3) 8 (4) 40
02 12
03 (1) 6, 9, 12, 60
(2) $y=3x$ (3) 30 L (4) 15분
04 (1) $y=4x$ (2) 60 L (3) 30분
05 (1) $y=1500x$ (2) 7500원 (3) 20 L
06 (1) $y=600x$ (2) 4800원 (3) 12병
07 (1) 45 / y (2) $y=\frac{2}{3}x$ (3) 10번 (4) 60번
08 (1) $y=\frac{10}{7}x$ (2) 20번 (3) 35번

ACT 40
110~111쪽

01 12, 8 / 24
02 -6, -3 / -12
03 -8, $-\frac{16}{3}$ / -16
04 20, $\frac{20}{3}$, 5 / 20
05 ○
06 ×
07 ○
08 ○
09 ×
10 ×
11 ○
12 $y=\frac{200}{x}$
13 $y=\frac{150}{x}$
14 $y=\frac{100}{x}$
15 $y=\frac{30}{x}$
16 $y=\frac{12}{x}$
17 $y=\frac{40}{x}$
18 $y=\frac{20}{x}$
19 $y=\frac{4000}{x}$
20 5, 3, 15 / 15
21 $y=\frac{8}{x}$
22 $y=-\frac{21}{x}$
23 $y=-\frac{36}{x}$
24 -15

ACT 41
112~113쪽

01 (1) -2, -4, 4, 2, 1
(2), (3)
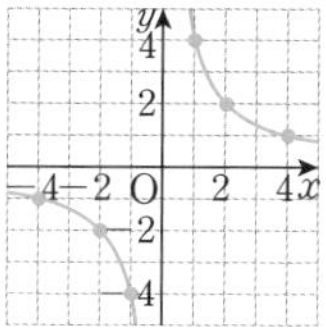

02 -2, 2, 1, $\frac{1}{2}$
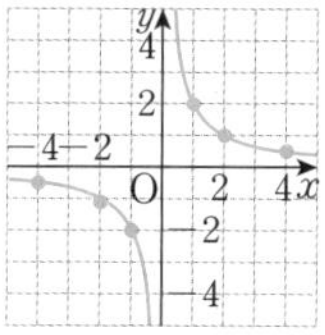

03 2, 3, 6, -6, -3, -2, -1
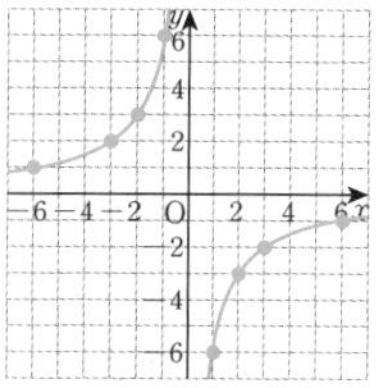

04 ○
05 ×
06 ○
07 ×
08 ○
09 ×
10 ×
11 ○
12 ○
13 a, 3 / 3, a, 4
14 -2
15 $\frac{4}{3}$
16 -5
17 $\frac{5}{4}$
18 -9
19 $-\frac{3}{4}$

ACT 42
114~115쪽

01~03
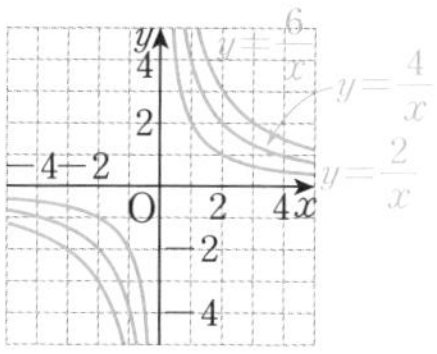

01 1, 3
02 감소
03 $y=\frac{2}{x}$, $y=\frac{4}{x}$, $y=\frac{6}{x}$
04 제1사분면, 제3사분면
05 제2사분면, 제4사분면
06 제1사분면, 제3사분면
07 제2사분면, 제4사분면
08 제2사분면, 제4사분면
09 ㉡, ㉢
10 ㉠, ㉣
11 ㉠
12 ㉡
13 ㉠
14 ㉢
15 ㉣
16 ㉡
17 ×
18 ○
19 ×
20 ○
21 ○
22 ④

ACT 43
116~117쪽

01 1, -3 / -3, 1 / -3
02 12
03 30
04 -14
05 -3
06 4
07 2, 2 / 2, 2 / 4 / 4
08 $y=-\frac{20}{x}$
09 $y=\frac{15}{x}$
10 2, 4 / 4, 2, 8 / 8, -1 / 8, -1, -8
11 -3
12 -4
13 15
14 6
15 $\frac{7}{2}$
16 $-\frac{5}{3}$
17 -3, 4 / 4, -3, -12 / 12, -6 / -6, 12, 2
18 8
19 -8
20 -5

ACT+ 44
118~119쪽

01 (1) $\frac{12}{a}$ (2) a (3) $\frac{12}{a}$ (4) 12
02 16
03 (1) 15, 9, 5, 3, 1 (2) $y=\frac{45}{x}$ (3) $\frac{9}{2}$ cm (4) $\frac{9}{4}$ cm
04 (1) $y=\frac{36}{x}$ (2) 4 cm (3) 12 cm
05 (1) $y=\frac{480}{x}$ (2) 10번 (3) 12개
06 (1) $y=\frac{320}{x}$ (2) 40번 (3) 10개
07 (1) $y=\frac{60}{x}$ (2) 15 cm^3 (3) 2기압
08 (1) $y=\frac{100}{x}$ (2) 20 cm^3 (3) 10기압

ACT+ 45
120~121쪽

01 4, 5 / 5, 4, $\frac{5}{4}$ / 4, 5 / 5, 4, 20
02 $a=-2$, $b=-8$
03 6 / 6, 4 / 6, 4 / 4, 6, $\frac{2}{3}$
04 12
05 (1) $y=80x$ (2) 240 km (3) 5시간
06 (1) $y=600x$ (2) 9000 m (3) 5분
07 (1) $y=\frac{360}{x}$ (2) 4시간 (3) 시속 60 km
08 (1) $y=\frac{2400}{x}$ (2) 30분 (3) 분속 60 m

TEST 07
122~123쪽

01 ②
02 -2
03 ④
04 10
05 15
06 -5
07 ㉡
08 ⑤
09 ③
10 4
11 $y=\frac{2}{3}x$
12 ②, ⑤
13 $\frac{5}{2}$
14 ③
15 2
16 20
17 (1) $y=\frac{48}{x}$ (2) 6 cm
18 8기압
19 $\frac{6}{5}$
20 분속 720 m

Chapter V 문자와 식

ACT 01 014~015쪽

11 $x\times(-1)\times x=(-1)\times x\times x$
$=(-1)\times x^2=-x^2$

12 $y\times y\times a\times y\times 3=3\times a\times y\times y\times y=3ay^3$

13 $(x+y)\times\frac{1}{2}=\frac{1}{2}\times(x+y)$
$=\frac{1}{2}(x+y)\left(\text{또는 }\frac{x+y}{2}\right)$

16 $x\div(-2)=\frac{x}{-2}=-\frac{x}{2}$

23 $x\div\frac{1}{2}=x\times 2=2x$

24 $a\div\left(-\frac{1}{6}\right)=a\times(-6)=-6a$

25 $x\div y\div 2=x\times\frac{1}{y}\times\frac{1}{2}=x\times\frac{1}{2y}=\frac{x}{2y}$

26 $a\div(-5)\div b=a\times\frac{1}{-5}\times\frac{1}{b}=a\times\frac{1}{-5b}$
$=\frac{a}{-5b}=-\frac{a}{5b}$

31 ① $b\times a\times(-1)=(-1)\times a\times b=-ab$
② $m\div\frac{1}{10}=m\times 10=10m$
③ $p\times(-0.1)\times p=-0.1\times p\times p=-0.1p^2$
④ $4\div a\div b=4\times\frac{1}{a}\times\frac{1}{b}=\frac{4}{ab}$
⑤ $x\times y\times x\times\frac{1}{3}\times y\times y=\frac{1}{3}\times x\times x\times y\times y\times y$
$=\frac{1}{3}x^2y^3$
따라서 옳지 않은 것은 ④이다.

ACT 02 016~017쪽

03 $a\div\left(-\frac{1}{3}\right)\times x=a\times(-3)\times x=-3ax$

04 $a\div b\div c\times(-1)=a\times\frac{1}{b}\times\frac{1}{c}\times(-1)$
$=-\frac{a}{bc}$

05 $a\times a\div 3\times b=a\times a\times\frac{1}{3}\times b$
$=\frac{a\times a\times b}{3}=\frac{a^2b}{3}$

06 $x\times x\times x\div y\div y=x\times x\times x\times\frac{1}{y}\times\frac{1}{y}$
$=x^3\times\frac{1}{y^2}=\frac{x^3}{y^2}$

07 $a\div b\times x\div y=a\times\frac{1}{b}\times x\times\frac{1}{y}$
$=\frac{ax}{by}$

08 $a\times(b\div c)=a\times\frac{b}{c}=\frac{ab}{c}$

09 $5\div(b\times a)=5\div ab=\frac{5}{ab}$

10 $x\div(a\times y)=x\div ay=\frac{x}{ay}$

11 $a\div(2\div x)=a\div\frac{2}{x}=a\times\frac{x}{2}=\frac{ax}{2}$

12 $(-7)\div(y\div a)=(-7)\div\frac{y}{a}=(-7)\times\frac{a}{y}$
$=\frac{-7a}{y}=-\frac{7a}{y}$

13 $x\div\left(y\times\frac{1}{z}\right)=x\div\frac{y}{z}=x\times\frac{z}{y}=\frac{xz}{y}$

14 $b\times 4\div(a\times a)=4b\div a^2=\frac{4b}{a^2}$

17 $x+y\div(-2)=x+\frac{y}{-2}=x-\frac{y}{2}$

18 $y-(-4)\div a=y-\frac{-4}{a}=y-\left(-\frac{4}{a}\right)=y+\frac{4}{a}$

24 $y\div x\times 2-c\div\frac{1}{6}=y\times\frac{1}{x}\times 2-c\times 6=\frac{2y}{x}-6c$

28 $(a+b)\times(-3)+a\times(-1)\div b$
$=-3(a+b)+\frac{a\times(-1)}{b}$
$=-3(a+b)+\frac{-a}{b}$
$=-3(a+b)-\frac{a}{b}$

30 $a\times\left(-\frac{1}{2}\right)\times a+b\div a\div a=-\frac{1}{2}a^2+b\times\frac{1}{a}\times\frac{1}{a}$
$=-\frac{1}{2}a^2+\frac{b}{a^2}$

31 ① $x\times\frac{1}{y}\div z=x\times\frac{1}{y}\times\frac{1}{z}=\frac{x}{yz}$
② $x\div y\div z=x\times\frac{1}{y}\times\frac{1}{z}=\frac{x}{yz}$
③ $(x\div y)\div z=\frac{x}{y}\times\frac{1}{z}=\frac{x}{yz}$
④ $x\div(y\div z)=x\div\frac{y}{z}=x\times\frac{z}{y}=\frac{xz}{y}$
⑤ $x\div(y\times z)=x\div yz=\frac{x}{yz}$
따라서 나머지 넷과 다른 것은 ④이다.

ACT 03 018~019쪽

21 $x\times\frac{5}{100}=\frac{x}{20}$(g)

22 $b\times\frac{20}{100}=\frac{b}{5}$(개)

24 $300\times\frac{p}{100}=3p$(쪽)

25 $2000\times\frac{q}{100}=20q$(km)

26 ② $\frac{b}{5}$원
④ $(10p+4q)$원
⑤ $500\times\frac{y}{100}=5y$(kg)
따라서 옳은 것은 ①, ③이다.

ACT+ 04 020~021쪽

01 (2) $x\times10+2=10x+2$

02 $7\times10+a=70+a$

03 $100\times m+5\times10+n=100m+n+50$

04 (1) (이익)$=x\times\frac{5}{100}=\frac{x}{20}$(원)
(정가)$=x+\frac{x}{20}=\frac{21}{20}x$(원)
(2) (이익)$=3000\times\frac{a}{100}=30a$(원)
(정가)$=3000+30a$(원)

05 (1) (할인 금액)$=x\times\frac{10}{100}=\frac{x}{10}$(원)
(할인한 가격)$=x-\frac{x}{10}=\frac{9}{10}x$(원)
(2) (할인 금액)$=500\times\frac{y}{100}=5y$(원)
(할인한 가격)$=500-5y$(원)

06 (1) (거리)=(속력)×(시간)$=60\times x=60x$(km)
(2) (속력)$=\frac{(\text{거리})}{(\text{시간})}=\frac{y}{2}$
따라서 시속 $\frac{y}{2}$ km이다.
(3) (시간)$=\frac{(\text{거리})}{(\text{속력})}=\frac{a}{50}$(시간)

07 ㉠ (거리)=(속력)×(시간)$=v\times3=3v$(km)
㉡ (속력)$=\frac{(\text{거리})}{(\text{시간})}=\frac{10}{t}$
따라서 시속 $\frac{10}{t}$ km이다.
㉢ (시간)$=\frac{(\text{거리})}{(\text{속력})}=\frac{100}{x}$(시간)
따라서 옳은 것은 ㉠, ㉢이다.

08 (1) (소금물의 농도)$=\frac{(\text{소금의 양})}{(\text{소금물의 양})}\times100$
$=\frac{a}{300}\times100=\frac{a}{3}$(%)
(2) (소금물의 농도)$=\frac{(\text{소금의 양})}{(\text{소금물의 양})}\times100$
$=\frac{50}{b}\times100=\frac{5000}{b}$(%)

09 (1) (소금의 양)$=\frac{(\text{소금물의 농도 \%})}{100}\times$(소금물의 양)
$=\frac{x}{100}\times200=2x$(g)
(2) (설탕의 양)$=\frac{(\text{설탕물의 농도 \%})}{100}\times$(설탕물의 양)
$=\frac{13}{100}\times y=\frac{13}{100}y$(g)

10 $\frac{a}{100}\times300+\frac{b}{100}\times500=3a+5b$(g)

ACT 05 022~023쪽

02 $5x=5\times3=15$

03 $-\frac{1}{3}x=-\frac{1}{3}\times3=-1$

04 $-x+2=-3+2=-1$

05 $4x+1=4\times3+1=13$

06 $10-3x=10-3\times3=1$

07 $7+\frac{1}{6}x=7+\frac{1}{6}\times3=\frac{15}{2}$

09 $4a=4\times(-4)=-16$

10 $-7a=-7\times(-4)=28$

11 $-2a+6=-2\times(-4)+6=14$

12 $\frac{3}{2}a+5=\frac{3}{2}\times(-4)+5=-1$

13 $3-8a=3-8\times(-4)=35$

14 $12+4a=12+4\times(-4)=-4$

16 $(-x)^3=\{-(-2)\}^3=8$

17 $-3x^2=-3\times(-2)^2=-12$

18 $x^2-2x=(-2)^2-2\times(-2)=8$

20 $(-x)^2=\left(-\frac{2}{3}\right)^2=\frac{4}{9}$

21 $3x^3=3\times\left(\frac{2}{3}\right)^3=\frac{8}{9}$

22 $9x^2+6x=9\times\left(\frac{2}{3}\right)^2+6\times\frac{2}{3}=8$

24 $-\frac{4}{a}=-\frac{4}{6}=-\frac{2}{3}$

25 $\frac{3}{2a}=\frac{3}{2\times6}=\frac{1}{4}$

27 $-\frac{9}{2a}=-9\div2a=-9\div\left(2\times\frac{3}{2}\right)=-9\div3=-3$

28 $6a+\frac{3}{a}=6\times\frac{3}{2}+3\div\frac{3}{2}=6\times\frac{3}{2}+3\times\frac{2}{3}=11$

29 ① $-\frac{1}{x}=-(1\div x)=-\left\{1\div\left(-\frac{1}{3}\right)\right\}$
$=-\{1\times(-3)\}=3$

② $-\frac{5}{3x}=-(5\div3x)$
$=-\left[5\div\left\{3\times\left(-\frac{1}{3}\right)\right\}\right]$
$=-\{5\div(-1)\}=5$

③ $\frac{1}{x^2}=1\div x^2=1\div\left(-\frac{1}{3}\right)^2=1\div\frac{1}{9}=1\times9=9$

④ $-x=-\left(-\frac{1}{3}\right)=\frac{1}{3}$

⑤ $x^2=\left(-\frac{1}{3}\right)^2=\frac{1}{9}$

따라서 식의 값이 가장 큰 것은 ③이다.

ACT 06

024~025쪽

02 $3xy=3\times2\times(-1)=-6$

03 $-5xy=-5\times2\times(-1)=10$

04 $x+y=2+(-1)=1$

05 $2x-3y=2\times2-3\times(-1)=7$

06 $\frac{4}{x}-\frac{5}{y}=\frac{4}{2}-\frac{5}{-1}=2+5=7$

07 $x^2y=2^2\times(-1)=-4$

09 $(a-b)^2=(-3-4)^2=(-7)^2=49$

10 $a(a+b)=(-3)\times(-3+4)=(-3)\times1=-3$

11 $b(a-b)=4\times(-3-4)=4\times(-7)=-28$

12 $\frac{2a+4}{b}=\frac{2\times(-3)+4}{4}=\frac{-2}{4}=-\frac{1}{2}$

13 $\frac{-b-5}{2a}=\frac{-4-5}{2\times(-3)}=\frac{-9}{-6}=\frac{3}{2}$

14 $\frac{3a-1}{-b+2}=\frac{3\times(-3)-1}{-4+2}=\frac{-10}{-2}=5$

16 $9xy=9\times\left(-\frac{1}{2}\right)\times\frac{2}{3}=-3$

17 $-12xy=-12\times\left(-\frac{1}{2}\right)\times\frac{2}{3}=4$

18 $6x+9y=6\times\left(-\frac{1}{2}\right)+9\times\frac{2}{3}$
$=(-3)+6=3$

19 $x-12y=-\frac{1}{2}-12\times\frac{2}{3}$
$=-\frac{1}{2}-8=-\frac{17}{2}$

20 $4x+\frac{1}{2}y=4\times\left(-\frac{1}{2}\right)+\frac{1}{2}\times\frac{2}{3}$
$=-2+\frac{1}{3}=-\frac{5}{3}$

21 $xy^2=\left(-\frac{1}{2}\right)\times\left(\frac{2}{3}\right)^2=\left(-\frac{1}{2}\right)\times\frac{4}{9}=-\frac{2}{9}$

22 $4x^2+9y^2=4\times\left(-\frac{1}{2}\right)^2+9\times\left(\frac{2}{3}\right)^2$
$=4\times\frac{1}{4}+9\times\frac{4}{9}$
$=1+4=5$

24 $\frac{1}{a}+10b=1\div\frac{3}{4}+10\times\left(-\frac{1}{5}\right)$
$=1\times\frac{4}{3}+(-2)=-\frac{2}{3}$

25 $4a-\frac{2}{b}=4\times\frac{3}{4}-2\div\left(-\frac{1}{5}\right)$
$=3-2\times(-5)$
$=3+10=13$

26 $\frac{6}{a}-\frac{5}{b}=6\div\frac{3}{4}-5\div\left(-\frac{1}{5}\right)$
$=6\times\frac{4}{3}-5\times(-5)$
$=8+25=33$

27 $2xy-\frac{x^2}{y}=2\times2\times\left(-\frac{1}{4}\right)-2^2\div\left(-\frac{1}{4}\right)$
$=(-1)-4\times(-4)$
$=-1+16=15$

ACT+ 07 026~027쪽

01 (1) $l=4\times2=8$
(2) $l=4\times3=12$
(3) $l=4\times5=20$

02 (1) $S=2^2=4$
(2) $S=3^2=9$
(3) $S=7^2=49$

03 (1) $l=2\times(3+2)=10$
(2) $l=2\times(7+4)=22$

04 (1) $S=5\times4=20$
(2) $S=6\times8=48$

05 (1) $S=\frac{1}{2}\times5\times4=10$
(2) $S=\frac{1}{2}\times6\times10=30$

06 (1) $S=5\times3=15$
(2) $S=4\times7=28$

07 (1) $S=\frac{1}{2}\times(2+3)\times4=10$
(2) $S=\frac{1}{2}\times(3+5)\times7=28$

08 (1) $S=\frac{1}{2}\times5\times6=15$
(2) $S=\frac{1}{2}\times10\times4=20$

ACT 08 030~031쪽

03 x항이 없으므로 x의 계수는 0이다.
$-10=0\times x+(-10)$

06 (2) y의 계수는 -3이다.

07 (1) 항은 $4x^2$, x, -3이다.
(2) x의 계수는 1이다.

11 상수항의 차수는 0이다.

17 차수가 2이다.

20 차수가 3이다.

21 분모에 문자가 있는 식은 다항식이 아니므로 일차식도 아니다.

22 ③ x의 계수는 $-\frac{1}{2}$이다.
따라서 옳지 않은 것은 ③이다.

ACT 09 032~033쪽

02 $2\times(-4a)=2\times(-4)\times a=-8a$

03 $(-5y)\times9=(-5)\times y\times9$
$=(-5)\times9\times y=-45y$

04 $(-6)\times8x=(-6)\times8\times x=-48x$

05 $2a\times(-7)=2\times a\times(-7)$
$=2\times(-7)\times a=-14a$

06 $(-8)\times(-2y)=(-8)\times(-2)\times y=16y$

07 $9\times\frac{4}{3}x=\overset{3}{\cancel{9}}\times\frac{4}{\underset{1}{\cancel{3}}}\times x=12x$

10 $\frac{4}{3}y\times\left(-\frac{3}{2}\right)=\frac{4}{3}\times y\times\left(-\frac{3}{2}\right)$
$=\frac{\overset{2}{\cancel{4}}}{\underset{1}{\cancel{3}}}\times\left(-\frac{\overset{1}{\cancel{3}}}{\underset{1}{\cancel{2}}}\right)\times y=-2y$

11 $\left(-\frac{3}{5}a\right)\times\frac{2}{9}=\left(-\frac{3}{5}\right)\times a\times\frac{2}{9}$
$=\left(-\frac{\overset{1}{\cancel{3}}}{5}\right)\times\frac{2}{\underset{3}{\cancel{9}}}\times a=-\frac{2}{15}a$

12 $\left(-\frac{2}{11}y\right)\times\left(-\frac{22}{7}\right)=\left(-\frac{2}{11}\right)\times y\times\left(-\frac{22}{7}\right)$
$=\left(-\frac{2}{\cancel{11}_{1}}\right)\times\left(-\frac{\cancel{22}^{2}}{7}\right)\times y$
$=\frac{4}{7}y$

21 $\frac{4}{3}a\div 2=\frac{4}{3}\times a\times\frac{1}{2}$
$=\frac{\cancel{4}^{2}}{3}\times\frac{1}{\cancel{2}_{1}}\times a$
$=\frac{2}{3}a$

22 $\frac{5}{3}a\div(-10)=\frac{5}{3}\times a\times\left(-\frac{1}{10}\right)$
$=\frac{\cancel{5}^{1}}{3}\times\left(-\frac{1}{\cancel{10}_{2}}\right)\times a$
$=-\frac{1}{6}a$

23 $\frac{8}{5}x\div 4=\frac{8}{5}\times x\times\frac{1}{4}$
$=\frac{\cancel{8}^{2}}{5}\times\frac{1}{\cancel{4}_{1}}\times x$
$=\frac{2}{5}x$

24 $\left(-\frac{9}{2}x\right)\div 3=\left(-\frac{9}{2}\right)\times x\times\frac{1}{3}$
$=\left(-\frac{\cancel{9}^{3}}{2}\right)\times\frac{1}{\cancel{3}_{1}}\times x$
$=-\frac{3}{2}x$

25 $\left(-\frac{30}{7}y\right)\div(-5)=\left(-\frac{30}{7}\right)\times y\times\left(-\frac{1}{5}\right)$
$=\left(-\frac{\cancel{30}^{6}}{7}\right)\times\left(-\frac{1}{\cancel{5}_{1}}\right)\times y$
$=\frac{6}{7}y$

26 $\left(-\frac{1}{9}a\right)\div\frac{3}{2}=\left(-\frac{1}{9}\right)\times a\times\frac{2}{3}$
$=\left(-\frac{1}{9}\right)\times\frac{2}{3}\times a$
$=-\frac{2}{27}a$

27 $\frac{8}{15}x\div\left(-\frac{4}{3}\right)=\frac{8}{15}\times x\times\left(-\frac{3}{4}\right)$
$=\frac{\cancel{8}^{2}}{\cancel{15}_{5}}\times\left(-\frac{\cancel{3}^{1}}{\cancel{4}_{1}}\right)\times x$
$=-\frac{2}{5}x$

28 $\left(-\frac{9}{8}y\right)\div\left(-\frac{3}{4}\right)=\left(-\frac{9}{8}\right)\times y\times\left(-\frac{4}{3}\right)$
$=\left(-\frac{\cancel{9}^{3}}{\cancel{8}_{2}}\right)\times\left(-\frac{\cancel{4}^{1}}{\cancel{3}_{1}}\right)\times y$
$=\frac{3}{2}y$

ACT 10 034~035쪽

02 $\frac{1}{2}(8x-10)=\frac{1}{2}\times 8x+\frac{1}{2}\times(-10)=4x-5$

03 $-(-4x+3)=(-1)\times(-4x)+(-1)\times 3$
$=4x-3$

05 $-\frac{1}{3}(6x-9)=\left(-\frac{1}{3}\right)\times 6x+\left(-\frac{1}{3}\right)\times(-9)$
$=-2x+3$

08 $\left(\frac{1}{2}x+\frac{3}{4}\right)\times 8=\frac{1}{2}x\times 8+\frac{3}{4}\times 8=4x+6$

09 $(-x+5)\times(-4)=(-x)\times(-4)+5\times(-4)$
$=4x-20$

10 $(10x-6)\times\left(-\frac{3}{2}\right)$
$=10x\times\left(-\frac{3}{2}\right)+(-6)\times\left(-\frac{3}{2}\right)$
$=-15x+9$

12 $(3x-9)\div 3=(3x-9)\times\frac{1}{3}$
$=3x\times\frac{1}{3}-9\times\frac{1}{3}$
$=x-3$

13 $(-5x-40)\div 5=(-5x-40)\times\frac{1}{5}$
$=-5x\times\frac{1}{5}-40\times\frac{1}{5}$
$=-x-8$

14 $(4x+4)\div(-2)=(4x+4)\times\left(-\frac{1}{2}\right)$
$=4x\times\left(-\frac{1}{2}\right)+4\times\left(-\frac{1}{2}\right)$
$=-2x-2$

15 $(-6x-15)\div(-3)$
$=(-6x-15)\times\left(-\frac{1}{3}\right)$
$=(-6x)\times\left(-\frac{1}{3}\right)+(-15)\times\left(-\frac{1}{3}\right)$
$=2x+5$

16 $(10x-5)\div(-5)=(10x-5)\times\left(-\frac{1}{5}\right)$
$=10x\times\left(-\frac{1}{5}\right)-5\times\left(-\frac{1}{5}\right)$
$=-2x+1$

17 $(-6x+24)\div(-6)=(-6x+24)\times\left(-\frac{1}{6}\right)$
$=-6x\times\left(-\frac{1}{6}\right)+24\times\left(-\frac{1}{6}\right)$
$=x-4$

18 $(x-3)\div\frac{1}{6}=(x-3)\times6=6x-18$

19 $(2x+1)\div\frac{2}{3}=(2x+1)\times\frac{3}{2}$
$=2x\times\frac{3}{2}+1\times\frac{3}{2}$
$=3x+\frac{3}{2}$

20 $(15x+5)\div\left(-\frac{5}{4}\right)=(15x+5)\times\left(-\frac{4}{5}\right)$
$=15x\times\left(-\frac{4}{5}\right)+5\times\left(-\frac{4}{5}\right)$
$=-12x-4$

21 $3(2x-1)\div\frac{1}{2}=3(2x-1)\times2$
$=(6x-3)\times2$
$=12x-6$

22 ① $4(x-2)=4\times x-4\times2=4x-8$
② $(9x-12)\div(-3)$
$=(9x-12)\times\left(-\frac{1}{3}\right)$
$=9x\times\left(-\frac{1}{3}\right)+(-12)\times\left(-\frac{1}{3}\right)$
$=-3x+4$
③ $\frac{1}{5}(-10x+15)$
$=\frac{1}{5}\times(-10x)+\frac{1}{5}\times15$
$=-2x+3$
④ $\left(\frac{2}{3}x+\frac{4}{7}\right)\times(-21)$
$=\frac{2}{3}x\times(-21)+\frac{4}{7}\times(-21)$
$=-14x-12$
⑤ $(-6x-8)\div\frac{2}{3}$
$=(-6x-8)\times\frac{3}{2}$
$=(-6x)\times\frac{3}{2}-8\times\frac{3}{2}$
$=-9x-12$
따라서 옳은 것은 ②이다.

ACT 11

036~037쪽

06 $3x+(-5x)=(3-5)x=-2x$

07 $(-8b)+4b=(-8+4)b=-4b$

08 $x-4x=(1-4)x=-3x$

09 $5y-(-3y)=5y+3y=(5+3)y=8y$

12 $-b+5b+(-3b)=\{-1+5+(-3)\}b=b$

13 $3y-(-2y)+y=\{3-(-2)+1\}y=6y$

14 $8x-9x-3x=(8-9-3)x=-4x$

15 $-2a+5a-3a=(-2+5-3)a=0\times a=0$

16 $b+\frac{b}{2}-\frac{b}{4}=\left(1+\frac{1}{2}-\frac{1}{4}\right)b=\frac{5}{4}b$

17 $\frac{1}{6}y-\frac{2}{3}y+\frac{3}{4}y=\left(\frac{1}{6}-\frac{2}{3}+\frac{3}{4}\right)y=\frac{1}{4}y$

19 $4-5a-5+8a=-5a+8a+4-5$
$=(-5+8)a+(4-5)$
$=3a-1$

20 $3x-5x+2y-7y=(3-5)x+(2-7)y$
$=-2x-5y$

21 $-2a+a-b+3b=(-2+1)a+(-1+3)b$
$=-a+2b$

22 $x+2y+3x+4y=x+3x+2y+4y$
$=(1+3)x+(2+4)y$
$=4x+6y$

23 $b-2a-4b+7a=-2a+7a+b-4b$
$=(-2+7)a+(1-4)b$
$=5a-3b$

24 $2x-\frac{1}{4}+\frac{1}{3}x+1=2x+\frac{1}{3}x-\frac{1}{4}+1$
$=\left(2+\frac{1}{3}\right)x+\left(-\frac{1}{4}+1\right)$
$=\frac{7}{3}x+\frac{3}{4}$

25 $a-\frac{5}{3}b-\frac{2}{5}a+2b=a-\frac{2}{5}a-\frac{5}{3}b+2b$
$=\left(1-\frac{2}{5}\right)a+\left(-\frac{5}{3}+2\right)b$
$=\frac{3}{5}a+\frac{1}{3}b$

ACT 12 038~039쪽

02 $5x+(-2x+3)=5x-2x+3$
$=3x+3$

03 $(x-4)+(-3x+5)=x-4-3x+5$
$=x-3x-4+5$
$=-2x+1$

04 $(5x+3)+(-8x-2)=5x+3-8x-2$
$=5x-8x+3-2$
$=-3x+1$

05 $(-4x-6)+(-7x+10)=-4x-6-7x+10$
$=-4x-7x-6+10$
$=-11x+4$

07 $10x-(4x+5)=10x-4x-5$
$=6x-5$

08 $(5x-3)-(3x+1)=5x-3-3x-1$
$=5x-3x-3-1$
$=2x-4$

09 $(-6x+3)-(7x-9)=-6x+3-7x+9$
$=-6x-7x+3+9$
$=-13x+12$

10 $(8x-1)-(-4x-3)=8x-1+4x+3$
$=8x+4x-1+3$
$=12x+2$

12 $4(x+3)+5x=4x+12+5x$
$=4x+5x+12$
$=9x+12$

13 $2(x+4)+3(x+1)=2x+8+3x+3$
$=2x+3x+8+3$
$=5x+11$

14 $2(3x-1)+7(x-2)=6x-2+7x-14$
$=6x+7x-2-14$
$=13x-16$

15 $-(x+2)+5(4x-1)=-x-2+20x-5$
$=-x+20x-2-5$
$=19x-7$

16 $-(3x+4)+3(x-4)=-3x-4+3x-12$
$=-3x+3x-4-12$
$=-16$

18 $4(x+5)-5x=4x+20-5x$
$=4x-5x+20$
$=-x+20$

19 $2(3x+1)-5(x+2)=6x+2-5x-10$
$=6x-5x+2-10$
$=x-8$

20 $-(2x+3)-2(x-3)=-2x-3-2x+6$
$=-2x-2x-3+6$
$=-4x+3$

21 $-3(2x-7)-5(-3x-4)=-6x+21+15x+20$
$=-6x+15x+21+20$
$=9x+41$

22 $5(2x-1)-4(3x-5)=10x-5-12x+20$
$=10x-12x-5+20$
$=-2x+15$
따라서 x의 계수는 -2이고, 상수항은 15이므로
$-2+15=13$

ACT 13 040~041쪽

01 $\left(\frac{x}{3}+\frac{1}{2}\right)+\left(\frac{x}{4}+\frac{1}{5}\right)=\frac{x}{3}+\frac{x}{4}+\frac{1}{2}+\frac{1}{5}$
$=\frac{4x+3x}{12}+\frac{5+2}{10}$
$=\frac{7}{12}x+\frac{7}{10}$

02 $\left(\frac{x}{4}+3\right)+\left(\frac{x}{2}+\frac{2}{3}\right)=\frac{x}{4}+\frac{x}{2}+3+\frac{2}{3}$
$=\frac{x+2x}{4}+\frac{9+2}{3}$
$=\frac{3}{4}x+\frac{11}{3}$

03 $\left(x-\frac{1}{2}\right)-\left(\frac{x}{3}+\frac{1}{3}\right)=x-\frac{1}{2}-\frac{x}{3}-\frac{1}{3}$
$=x-\frac{x}{3}-\frac{1}{2}-\frac{1}{3}$
$=\frac{3x-x}{3}+\frac{-3-2}{6}$
$=\frac{2}{3}x-\frac{5}{6}$

04 $\left(\frac{x}{5}+\frac{3}{4}\right)-\left(2x-\frac{1}{6}\right)=\frac{x}{5}+\frac{3}{4}-2x+\frac{1}{6}$
$=\frac{x}{5}-2x+\frac{3}{4}+\frac{1}{6}$
$=\frac{x-10x}{5}+\frac{9+2}{12}$
$=-\frac{9}{5}x+\frac{11}{12}$

05 $\frac{1}{2}(2x+6)+\frac{1}{3}(3x-9)=x+3+x-3$
$=x+x+3-3=2x$

06 $4\left(\frac{x}{2}+1\right)-6\left(\frac{x}{3}+\frac{1}{2}\right)=2x+4-2x-3$
$=2x-2x+4-3=1$

07 $\frac{1}{2}(4x+10)+\frac{1}{3}(6x+3)=2x+5+2x+1$
$=2x+2x+5+1$
$=4x+6$

08 $\frac{1}{3}(3x-9)-\frac{1}{5}(25x-10)=x-3-5x+2$
$=x-5x-3+2$
$=-4x-1$

09 $\frac{2x+2}{3}+\frac{x+1}{2}=\frac{2(2x+2)+3(x+1)}{6}$
$=\frac{4x+4+3x+3}{6}$
$=\frac{7x+7}{6}=\frac{7}{6}x+\frac{7}{6}$

10 $\frac{x-3}{2}+\frac{5x+3}{4}=\frac{2(x-3)+5x+3}{4}$
$=\frac{2x-6+5x+3}{4}$
$=\frac{7x-3}{4}=\frac{7}{4}x-\frac{3}{4}$

11 $\frac{x-1}{3}+2x-4=\frac{x-1+3(2x-4)}{3}$
$=\frac{x-1+6x-12}{3}$
$=\frac{7x-13}{3}=\frac{7}{3}x-\frac{13}{3}$

12 $\frac{x+3}{4}+\frac{x-1}{6}=\frac{3(x+3)+2(x-1)}{12}$
$=\frac{3x+9+2x-2}{12}$
$=\frac{5x+7}{12}=\frac{5}{12}x+\frac{7}{12}$

13 $\frac{3x-1}{2}+\frac{x+1}{5}=\frac{5(3x-1)+2(x+1)}{10}$
$=\frac{15x-5+2x+2}{10}$
$=\frac{17x-3}{10}=\frac{17}{10}x-\frac{3}{10}$

14 $\frac{3x+7}{6}+\frac{x-3}{4}=\frac{2(3x+7)+3(x-3)}{12}$
$=\frac{6x+14+3x-9}{12}$
$=\frac{9x+5}{12}=\frac{3}{4}x+\frac{5}{12}$

15 $\frac{x+1}{4}-\frac{x-2}{3}=\frac{3(x+1)-4(x-2)}{12}$
$=\frac{3x+3-4x+8}{12}$
$=\frac{-x+11}{12}$
$=-\frac{1}{12}x+\frac{11}{12}$

16 $\frac{2x+3}{2}-\frac{x+2}{3}=\frac{3(2x+3)-2(x+2)}{6}$
$=\frac{6x+9-2x-4}{6}$
$=\frac{4x+5}{6}=\frac{2}{3}x+\frac{5}{6}$

17 $\frac{x-4}{3}-\frac{x+2}{9}=\frac{3(x-4)-(x+2)}{9}$
$=\frac{3x-12-x-2}{9}$
$=\frac{2x-14}{9}=\frac{2}{9}x-\frac{14}{9}$

18 $\frac{x+5}{3}-\frac{2x-3}{6}=\frac{2(x+5)-(2x-3)}{6}$
$=\frac{2x+10-2x+3}{6}=\frac{13}{6}$

19 $\frac{3x+1}{5}-\frac{2x-5}{3}=\frac{3(3x+1)-5(2x-5)}{15}$
$=\frac{9x+3-10x+25}{15}$
$=\frac{-x+28}{15}=-\frac{1}{15}x+\frac{28}{15}$

20 $\frac{2x+1}{3}-\frac{3x-4}{5}=\frac{5(2x+1)-3(3x-4)}{15}$
$=\frac{10x+5-9x+12}{15}$
$=\frac{x+17}{15}=\frac{1}{15}x+\frac{17}{15}$

따라서 $a=\frac{1}{15}$, $b=\frac{17}{15}$이므로
$a+b=\frac{1}{15}+\frac{17}{15}=\frac{18}{15}=\frac{6}{5}$

ACT+ 14

042~043쪽

01 (1) $x-\{1-(2x-3)\}=x-(1-2x+3)$
$=x-(-2x+4)$
$=x+2x-4$
$=3x-4$

(2) $7-\{3x-(8-2x)\}=7-(3x-8+2x)$
$=7-(5x-8)$
$=7-5x+8$
$=-5x+15$

(3) $2x-[4-\{5x-4-(-x+1)\}]$
$=2x-\{4-(5x-4+x-1)\}$
$=2x-\{4-(6x-5)\}$
$=2x-(4-6x+5)$
$=2x-(-6x+9)$
$=2x+6x-9$
$=8x-9$

02 $3x+2-\{5-2(6-4x)\}=3x+2-(5-12+8x)$
$=3x+2-(8x-7)$
$=3x+2-8x+7$
$=-5x+9$

03 $-5x-[9-2\{3(4x-6)+7\}]$
$=-5x-\{9-2(12x-18+7)\}$
$=-5x-\{9-2(12x-11)\}$
$=-5x-(9-24x+22)$
$=-5x-(-24x+31)$
$=-5x+24x-31$
$=19x-31$
따라서 $a=19$, $b=-31$이므로
$a+b=-12$

04 (1) $A+B=(3x+2)+(2x-1)$
$=5x+1$

(2) $A-B=(3x+2)-(2x-1)$
$=3x+2-2x+1$
$=x+3$

(3) $2A+B=2(3x+2)+(2x-1)$
$=6x+4+2x-1$
$=8x+3$

(4) $2A-3B=2(3x+2)-3(2x-1)$
$=6x+4-6x+3=7$

05 $3A-B=3(2x-5)-(x+4)$
$=6x-15-x-4$
$=5x-19$

06 $-2A+5B=-2(5x-2)+5(3x+1)$
$=-10x+4+15x+5$
$=5x+9$

07 (2) $\square=(7x+2)-3x$
$=4x+2$

(3) $\square=(3x-2)+(4x-3)$
$=7x-5$

(4) $\square=(9x+4)-(6x+1)$
$=9x+4-6x-1$
$=3x+3$

08 $\square=(x+8)+2(3x-1)$
$=x+8+6x-2$
$=7x+6$

10 어떤 다항식을 $\square$라 하면
$\square-(3x-2)=2x+5$
➡ $\square=(2x+5)+(3x-2)$
$=5x+3$

11 어떤 다항식을 $\square$라 하면
$\square+(4x-5y)=7x-10y$
➡ $\square=(7x-10y)-(4x-5y)$
$=7x-10y-4x+5y$
$=3x-5y$

TEST 05

044~045쪽

01 ① $0.1\times y\times a=0.1ay$
② $a\times(x-3y)\div 2=a\times(x-3y)\times\frac{1}{2}$
$=\frac{1}{2}a(x-3y)$
③ $a\times(-1)\times b\times a=(-1)\times a\times a\times b$
$=-a^2b$
⑤ $x\times x+(-3)\times x=x^2-3x$
따라서 옳은 것은 ④이다.

02 ① $a\times b\div c=a\times b\times\frac{1}{c}=\frac{ab}{c}$
② $a\div b\times c=a\times\frac{1}{b}\times c=\frac{ac}{b}$
③ $a\div b\div c=a\times\frac{1}{b}\times\frac{1}{c}=\frac{a}{bc}$
④ $a\times(b\div c)=a\times\frac{b}{c}=\frac{ab}{c}$
⑤ $a\div(b\div c)=a\div\frac{b}{c}=a\times\frac{c}{b}=\frac{ac}{b}$
따라서 옳은 것은 ④이다.

03 ② $2.5a$ km ③ $3b$ cm ⑤ $10x+y$
따라서 옳은 것은 ①, ④이다.

04 ① $-2xy=-2\times(-2)\times\frac{1}{2}=2$
② $-x^2=-(-2)^2=-4$
③ $2y^2=2\times\left(\frac{1}{2}\right)^2=\frac{1}{2}$
④ $x^2+6y=(-2)^2+6\times\frac{1}{2}=4+3=7$
⑤ $x+y+5=-2+\frac{1}{2}+5=\frac{7}{2}$
따라서 식의 값이 가장 작은 것은 ②이다.

07 $l=2(a+b)=2\times(8+7)=30$
$S=ah=8\times6=48$

09 (3) x^2의 계수는 2이다.
(4) x의 계수는 $-\frac{1}{3}$이다.
(6) 상수항은 -1이다.

12 $(-12y)\div\left(-\frac{2}{3}\right)=(-12y)\times\left(-\frac{3}{2}\right)$
$=18y$

13 $\frac{2}{5}(10x-25)=\frac{2}{5}\times10x-\frac{2}{5}\times25$
$=4x-10$

14 $(-12x+8)\div(-4)$
$=(-12x+8)\times\left(-\frac{1}{4}\right)$
$=(-12x)\times\left(-\frac{1}{4}\right)+8\times\left(-\frac{1}{4}\right)$
$=3x-2$

15 ③ $x=\frac{x}{1}$이므로 $-\frac{1}{x}$과 동류항이 아니다.

16 $(4-3x)+2(x-1)=4-3x+2x-2$
$=-x+2$

17 $\frac{2x+1}{3}-\frac{x-3}{2}=\frac{2(2x+1)-3(x-3)}{6}$
$=\frac{4x+2-3x+9}{6}$
$=\frac{x+11}{6}$
$=\frac{1}{6}x+\frac{11}{6}$

18 $-10-[x-\{5x-2(x+1)\}]$
$=-10-\{x-(5x-2x-2)\}$
$=-10-\{x-(3x-2)\}$
$=-10-(x-3x+2)$
$=-10-(-2x+2)$
$=-10+2x-2$
$=2x-12$

19 $-3A+2B=-3(-4x+3)+2(2x-3)$
$=12x-9+4x-6$
$=16x-15$

20 어떤 다항식을 ☐라 하면
☐$-(2x-7)=-4x+9$
➡ ☐$=(-4x+9)+(2x-7)$
$=-2x+2$

Chapter Ⅵ 일차방정식

ACT 15 050~051쪽

11 (직사각형의 넓이)=(가로의 길이)×(세로의 길이)이므로
$8x=32$

12 (거리)=(속력)×(시간)이므로 $20x=60$

17 $-3(x-1)=-3x+3$
따라서 (좌변)=(우변)이므로 항등식이다.

18 $2\times\frac{1}{2}=1\neq0$

19 $3\times3-4=5$이므로 $x=3$은 주어진 방정식의 해이다.

20 (좌변)$=-3\times(-1)+2=5$
(우변)$=2\times(-1)-3=-5$
∴ (좌변)≠(우변)

21 $-4\times(-3)-5=1-2\times(-3)$
따라서 $x=-3$은 주어진 방정식의 해이다.

22 $2\times(2+1)=2+4$
따라서 $x=2$는 주어진 방정식의 해이다.

28 ① $-2-2=-4\neq0$
② $2\times(-2)+3=-1$
③ $4-(-2)\neq2\times(-2)-3$
④ $3\times(-2-1)\neq-(-2)+5$
⑤ $-5\times(-2)\neq2\times(-2-3)$
따라서 해가 $x=-2$인 것은 ②이다.

ACT 16 052~053쪽

08 $a=b$이면 $a-5=b-5$이다.
$a=b$이면 $-5a=-5b$이다.

10 $\frac{x}{2}=\frac{y}{5}$
$\frac{x}{2}\times10=\frac{y}{5}\times10$ (양변에 10을 곱한다.)
$5x=2y$

11 $x=2y$
$\frac{x}{2}=\frac{2y}{2}$ (양변을 2로 나눈다.)
$\frac{x}{2}=y$

13 $x-4=2$
$x-4+4=2+4$ ← 양변에 4를 더한다.
$\therefore x=6$

14 $x+5=3$
$x+5-5=3-5$ ← 양변에서 5를 뺀다.
$\therefore x=-2$

15 $x+7=-4$
$x+7-7=-4-7$ ← 양변에서 7을 뺀다.
$\therefore x=-11$

16 $\frac{x}{3}=2$
$\frac{x}{3}\times3=2\times3$ ← 양변에 3을 곱한다.
$\therefore x=6$

17 $-\frac{x}{6}=4$
$-\frac{x}{6}\times(-6)=4\times(-6)$ ← 양변에 −6을 곱한다.
$\therefore x=-24$

18 $4x=8$
$\frac{4x}{4}=\frac{8}{4}$ ← 양변을 4로 나눈다.
$\therefore x=2$

19 $-3x=15$
$\frac{-3x}{-3}=\frac{15}{-3}$ ← 양변을 −3으로 나눈다.
$\therefore x=-5$

21 $4x-19=-3$
$4x-19+19=-3+19$ ← 양변에 19를 더한다.
$4x=16$
$\frac{4x}{4}=\frac{16}{4}$ ← 양변을 4로 나눈다.
$\therefore x=4$

22 $\frac{x}{5}-3=2$
$\frac{x}{5}-3+3=2+3$ ← 양변에 3을 더한다.
$\frac{x}{5}=5$
$\frac{x}{5}\times5=5\times5$ ← 양변에 5를 곱한다.
$\therefore x=25$

23 $\frac{x}{2}+4=3$
$\frac{x}{2}+4-4=3-4$ ← 양변에서 4를 뺀다.
$\frac{x}{2}=-1$
$\frac{x}{2}\times2=-1\times2$ ← 양변에 2를 곱한다.
$\therefore x=-2$

24 ③ $a=b$이면 $a-2=b-2$ 또는 $a+2=b+2$이다.
따라서 옳지 않은 것은 ③이다.

ACT 17 056~057쪽

06 $2x+5=5-3x$
➡ $2x+3x=5-5$

09 $3x-4=-2x+6$
➡ $3x+2x=6+4$
$5x=10$

10 $-5x+2=2x+1$
➡ $-5x-2x=1-2$
$-7x=-1$

11 $x-3=\frac{x}{2}-1$
➡ $x-\frac{x}{2}=-1+3$
$\frac{1}{2}x=2$

12 $\frac{x}{3}+2=\frac{x}{2}-\frac{1}{6}$
➡ $\frac{x}{3}-\frac{x}{2}=-\frac{1}{6}-2$
$\left(\frac{1}{3}-\frac{1}{2}\right)x=-\frac{1}{6}-2$
$-\frac{1}{6}x=-\frac{13}{6}$

14 $4x=7x+3$
➡ $4x-7x-3=0$
$-3x-3=0$

15 $3x+4=5x-2$
➡ $3x+4-5x+2=0$
$-2x+6=0$

16 $2x+3=-3x^2-1$
➡ $3x^2+2x+3+1=0$
$\underline{3x^2}+2x+4=0$
이차식
따라서 일차방정식이 아니다.

17 $-x+3=4(x-1)$
➡ $-x+3=4x-4$
$-x-4x+3+4=0$
$-5x+7=0$

18 $2(x+1)=2x+2$
➡ $2x+2=2x+2$
$2x-2x+2-2=0$
$0=0$
따라서 항등식이다.

19 $x^2+4x=1+x^2$
➡ $x^2-x^2+4x-1=0$
$4x-1=0$

21 $3x-5=ax+3$
$3x-ax-5-3=0$
$(3-a)x-8=0$
$3-a\neq0 \quad \therefore a\neq3$

22 $ax+1=5-x$
$ax+x+1-5=0$
$(a+1)x-4=0$
$a+1\neq0 \quad \therefore a\neq-1$

23 $5x+9=5-ax$
$5x+ax+9-5=0$
$(5+a)x+4=0$
$5+a\neq0 \quad \therefore a\neq-5$

24 ① $x^2-7x-5=0$ ➡ 일차방정식이 아니다.
② 방정식이 아니다.
③ $6x-12=6x-12$, 즉 $0\times x=0$ ➡ 항등식
④ $-2x-3=0$
⑤ $4-x=x^2+2x$, 즉 $-x^2-3x+4=0$
➡ 일차방정식이 아니다.
따라서 일차방정식은 ④이다.

ACT 18 058~059쪽

08 $3x+1=-4$
$3x=-4-1$
$3x=-5 \quad \therefore x=-\frac{5}{3}$

09 $2x-4=-4$
$2x=-4+4$
$2x=0 \quad \therefore x=0$
참고 $0\div(수)=0$이므로 $ax=0 \quad \therefore x=0$

10 $-x+5=-2$
$-x=-2-5$
$-x=-7 \quad \therefore x=7$

11 $-4x-2=3$
$-4x=3+2$
$-4x=5 \quad \therefore x=-\frac{5}{4}$

12 $-3x-8=-1$
$-3x=-1+8$
$-3x=7 \quad \therefore x=-\frac{7}{3}$

14 $4x+3=-2x$
$4x+2x=-3$
$6x=-3 \quad \therefore x=-\frac{1}{2}$

15 $x-4=-3x$
$x+3x=4$
$4x=4 \quad \therefore x=1$

16 $x-1=2x$
$x-2x=1$
$-x=1 \quad \therefore x=-1$

17 $2x+3=3x$
$2x-3x=-3$
$-x=-3 \quad \therefore x=3$

18 $-5x+12=x$
$-5x-x=-12$
$-6x=-12 \quad \therefore x=2$

19 $-3x-4=2x$
$-3x-2x=4$
$-5x=4 \quad \therefore x=-\frac{4}{5}$

20 $-4x+9=-3x$
$-4x+3x=-9$
$-x=-9 \quad \therefore x=9$

22 $4x+3=2x+7$

$4x-2x=7-3$

$2x=4$ $\quad\therefore x=2$

23 $x-4=-3x-2$

$x+3x=-2+4$

$4x=2$ $\quad\therefore x=\frac{1}{2}$

24 $-x+1=2x+4$

$-x-2x=4-1$

$-3x=3$ $\quad\therefore x=-1$

25 $3x-1=5x-5$

$3x-5x=-5+1$

$-2x=-4$ $\quad\therefore x=2$

26 $-6x-2=-4x+3$

$-6x+4x=3+2$

$-2x=5$ $\quad\therefore x=-\frac{5}{2}$

27 ① $x+4=2$ $\quad\therefore x=2-4=-2$

② $-3x=6$ $\quad\therefore x=-2$

③ $-2x+6=10$

$-2x=10-6$

$-2x=4$ $\quad\therefore x=-2$

④ $2x+5=-3x$

$2x+3x=-5$

$5x=-5$ $\quad\therefore x=-1$

⑤ $4x+1=6x+5$

$4x-6x=5-1$

$-2x=4$ $\quad\therefore x=-2$

따라서 해가 나머지 넷과 다른 것은 ④이다.

ACT 19 060~061쪽

02 $2(2x+1)=6$

$4x+2=6$

$4x=6-2$

$4x=4$ $\quad\therefore x=1$

다른 풀이 $2(2x+1)=6$) 양변을 2로 나눈다.

$2x+1=3$

$2x=2$ $\quad\therefore x=1$

03 $5(2x+3)=-1$

$10x+15=-1$

$10x=-1-15$

$10x=-16$ $\quad\therefore x=-\frac{8}{5}$

04 $-2(2x-1)=-10$

$-4x+2=-10$

$-4x=-10-2$

$-4x=-12$ $\quad\therefore x=3$

다른 풀이 $-2(2x-1)=-10$) 양변을 −2로 나눈다.

$2x-1=5$

$2x=6$ $\quad\therefore x=3$

05 $4(-3x+2)=5$

$-12x+8=5$

$-12x=5-8$

$-12x=-3$ $\quad\therefore x=\frac{1}{4}$

07 $2(3x-2)=3x+2$

$6x-4=3x+2$

$6x-3x=2+4$

$3x=6$ $\quad\therefore x=2$

08 $3(4x+5)=4x-1$

$12x+15=4x-1$

$12x-4x=-1-15$

$8x=-16$ $\quad\therefore x=-2$

09 $-2(2x-3)=5x+3$

$-4x+6=5x+3$

$-4x-5x=3-6$

$-9x=-3$ $\quad\therefore x=\frac{1}{3}$

10 $-4(5x-2)=-10x-7$

$-20x+8=-10x-7$

$-20x+10x=-7-8$

$-10x=-15$ $\quad\therefore x=\frac{3}{2}$

11 $5x=2(2x-4)$

$5x=4x-8$

$5x-4x=-8$

$\therefore x=-8$

12 $2x-3=3(x-1)$

$2x-3=3x-3$

$2x-3x=-3+3$

$-x=0$ $\quad\therefore x=0$

13 $3x-5=4(2x+5)$
$3x-5=8x+20$
$3x-8x=20+5$
$-5x=25$ $\therefore x=-5$

14 $-x+2=3(x-2)$
$-x+2=3x-6$
$-x-3x=-6-2$
$-4x=-8$ $\therefore x=2$

15 $4x-1=-2(x+5)$
$4x-1=-2x-10$
$4x+2x=-10+1$
$6x=-9$ $\therefore x=-\frac{3}{2}$

16 $-3x+4=-3(2x-3)$
$-3x+4=-6x+9$
$-3x+6x=9-4$
$3x=5$ $\therefore x=\frac{5}{3}$

17 $-4x-6=-3(3x+7)$
$-4x-6=-9x-21$
$-4x+9x=-21+6$
$5x=-15$ $\therefore x=-3$

18 $3(2x+1)=4(x-3)$
$6x+3=4x-12$
$6x-4x=-12-3$
$2x=-15$ $\therefore x=-\frac{15}{2}$

19 $-3(x+2)=2(2x-5)$
$-3x-6=4x-10$
$-3x-4x=-10+6$
$-7x=-4$ $\therefore x=\frac{4}{7}$

20 $-5(2x-4)=-8(x+1)$
$-10x+20=-8x-8$
$-10x+8x=-8-20$
$-2x=-28$ $\therefore x=14$

21 $2(3x+2)=3(x-1)+10$
$6x+4=3x-3+10$
$6x-3x=7-4$
$3x=3$ $\therefore x=1$

22 $5(2x+3)-1=-3(4x-1)$
$10x+15-1=-12x+3$
$10x+12x=3-14$
$22x=-11$ $\therefore x=-\frac{1}{2}$

23 ① $5(3x+2)=-20$
$15x+10=-20$
$15x=-20-10$
$15x=-30$ $\therefore x=-2$
② $4(3x-1)=11$
$12x-4=11$
$12x=11+4$
$12x=15$ $\therefore x=\frac{5}{4}$
③ $-2(6x-5)=15x-17$
$-12x+10=15x-17$
$-12x-15x=-17-10$
$-27x=-27$ $\therefore x=1$
④ $-4x-2=-2(3x-5)$
$-4x-2=-6x+10$
$-4x+6x=10+2$
$2x=12$ $\therefore x=6$
⑤ $2(3x-4)=3(4x+1)$
$6x-8=12x+3$
$6x-12x=3+8$
$-6x=11$ $\therefore x=-\frac{11}{6}$
따라서 해가 가장 큰 것은 ④이다.

ACT 20

062~063쪽

02 $-0.1x+0.3=0.8$
$-x+3=8$
$-x=5$ $\therefore x=-5$

04 $-0.05x+0.42=0.02$
$-5x+42=2$
$-5x=-40$ $\therefore x=8$

05 $0.2x-0.3=0.5x$
$2x-3=5x$
$-3x=3$ $\therefore x=-1$

06 $0.5x+0.2=0.6x$
$5x+2=6x$
$-x=-2$ $\therefore x=2$

07 $0.04x-0.24=-0.02x$
$4x-24=-2x$
$6x=24$ $\therefore x=4$

08 $0.3x-0.96=-0.02x$
$30x-96=-2x$
$32x=96$ $\therefore x=3$

09 $-0.4x+9=-0.1x$
$-4x+90=-x$
$-3x=-90 \quad \therefore x=30$

10 $0.05x+15=0.3x$
$5x+1500=30x$
$-25x=-1500 \quad \therefore x=60$

11 $0.3x-0.6=-0.2x+0.4$
$3x-6=-2x+4$
$5x=10 \quad \therefore x=2$

12 $0.1x+0.2=0.3+0.4x$
$x+2=3+4x$
$-3x=1 \quad \therefore x=-\frac{1}{3}$

13 $-0.6-0.5x=-0.7x+0.8$
$-6-5x=-7x+8$
$2x=14 \quad \therefore x=7$

14 $0.07x-0.26=0.12x+0.84$
$7x-26=12x+84$
$-5x=110 \quad \therefore x=-22$

15 $-0.8x+0.15=0.9+0.45x$
$-80x+15=90+45x$
$-125x=75 \quad \therefore x=-\frac{3}{5}$

16 $-0.3x+0.7=5-0.4x$
$-3x+7=50-4x$
$\therefore x=43$

17 $0.4x-2=0.08x+0.24$
$40x-200=8x+24$
$32x=224 \quad \therefore x=7$

18 $0.3x+0.5=0.2(x-1)$
$3x+5=2(x-1)$
$3x+5=2x-2$
$\therefore x=-7$

19 $0.3(2x+1)=0.2x-0.3$
$3(2x+1)=2x-3$
$6x+3=2x-3$
$4x=-6 \quad \therefore x=-\frac{3}{2}$

20 $-0.1x+0.4=-3(0.3x-0.2)$
$-x+4=-3(3x-2)$
$-x+4=-9x+6$
$8x=2 \quad \therefore x=\frac{1}{4}$

21 $0.4(5x-2)=0.56x-0.32$
$40(5x-2)=56x-32$
$200x-80=56x-32$
$144x=48 \quad \therefore x=\frac{1}{3}$

22 $0.6x+0.68=0.08(6x-5)$
$60x+68=8(6x-5)$
$60x+68=48x-40$
$12x=-108 \quad \therefore x=-9$

23 $0.4x+2=0.5-0.1x$
$4x+20=5-x$
$5x=-15 \quad \therefore x=-3$
① $0.2x-0.4=0.1$
$2x-4=1$
$2x=5 \quad \therefore x=\frac{5}{2}$
② $0.03x+0.12=0.07x$
$3x+12=7x$
$-4x=-12 \quad \therefore x=3$
③ $0.7+0.8x=0.6x-0.3$
$7+8x=6x-3$
$2x=-10 \quad \therefore x=-5$
④ $0.4(3x-1)=0.5x-0.2$
$4(3x-1)=5x-2$
$12x-4=5x-2$
$7x=2 \quad \therefore x=\frac{2}{7}$
⑤ $0.3x+0.1=-4(0.2x+0.8)$
$3x+1=-4(2x+8)$
$3x+1=-8x-32$
$11x=-33 \quad \therefore x=-3$
따라서 주어진 방정식과 해가 같은 것은 ⑤이다.

064~065쪽

06 $-\frac{1}{3}x+\frac{4}{9}=-\frac{5}{6}$
$\left(-\frac{1}{3}x+\frac{4}{9}\right)\times 18=\left(-\frac{5}{6}\right)\times 18$
$-6x+8=-15$
$-6x=-23 \quad \therefore x=\frac{23}{6}$

07 $\frac{5}{4}x-\frac{7}{6}=\frac{2}{3}x$
$\left(\frac{5}{4}x-\frac{7}{6}\right)\times 12=\frac{2}{3}x\times 12$
$15x-14=8x$
$7x=14 \quad \therefore x=2$

08 $\frac{3}{2}x+1=-\frac{5}{8}x$

$\left(\frac{3}{2}x+1\right)\times 8=\left(-\frac{5}{8}x\right)\times 8$

$12x+8=-5x$

$17x=-8 \quad \therefore x=-\frac{8}{17}$

10 $\frac{1}{5}x-2=\frac{1}{4}x+\frac{1}{2}$

$\left(\frac{1}{5}x-2\right)\times 20=\left(\frac{1}{4}x+\frac{1}{2}\right)\times 20$

$4x-40=5x+10$

$-x=50 \quad \therefore x=-50$

11 $-\frac{3}{4}x+\frac{1}{2}=-\frac{1}{6}x-\frac{2}{3}$

$\left(-\frac{3}{4}x+\frac{1}{2}\right)\times 12=\left(-\frac{1}{6}x-\frac{2}{3}\right)\times 12$

$-9x+6=-2x-8$

$-7x=-14 \quad \therefore x=2$

12 $-\frac{2}{5}x-\frac{2}{3}=-\frac{1}{2}x-\frac{5}{6}$

$\left(-\frac{2}{5}x-\frac{2}{3}\right)\times 30=\left(-\frac{1}{2}x-\frac{5}{6}\right)\times 30$

$-12x-20=-15x-25$

$3x=-5 \quad \therefore x=-\frac{5}{3}$

참고 모든 항에 −가 있으므로 식 전체에 -1을 곱하여 $\frac{2}{5}x+\frac{2}{3}=\frac{1}{2}x+\frac{5}{6}$로 만든 후 계산하면 간편하다.

13 $\frac{2}{3}x+\frac{1}{2}=\frac{1}{6}+\frac{3}{2}x$

$\left(\frac{2}{3}x+\frac{1}{2}\right)\times 6=\left(\frac{1}{6}+\frac{3}{2}x\right)\times 6$

$4x+3=1+9x$

$-5x=-2 \quad \therefore x=\frac{2}{5}$

14 $-\frac{1}{4}x+\frac{3}{5}=\frac{1}{4}-\frac{1}{2}x$

$\left(-\frac{1}{4}x+\frac{3}{5}\right)\times 20=\left(\frac{1}{4}-\frac{1}{2}x\right)\times 20$

$-5x+12=5-10x$

$5x=-7 \quad \therefore x=-\frac{7}{5}$

16 $\frac{1}{2}x-\frac{1}{2}=\frac{3}{7}(2x+3)$

$\left(\frac{1}{2}x-\frac{1}{2}\right)\times 14=\frac{3}{7}\times 14\times(2x+3)$

$7x-7=12x+18$

$-5x=25 \quad \therefore x=-5$

17 $\frac{5}{6}(x-1)=\frac{1}{4}x+\frac{2}{3}$

$\frac{5}{6}\times 12\times(x-1)=\left(\frac{1}{4}x+\frac{2}{3}\right)\times 12$

$10x-10=3x+8$

$7x=18 \quad \therefore x=\frac{18}{7}$

18 $-\frac{3}{2}(2x+5)=3-\frac{2}{3}x$

$\left(-\frac{3}{2}\right)\times 6\times(2x+5)=\left(3-\frac{2}{3}x\right)\times 6$

$-18x-45=18-4x$

$-14x=63 \quad \therefore x=-\frac{9}{2}$

19 $\frac{1}{2}x+\frac{1}{3}=\frac{5}{6}(x+1)$

$\left(\frac{1}{2}x+\frac{1}{3}\right)\times 6=\frac{5}{6}\times 6\times(x+1)$

$3x+2=5x+5$

$-2x=3 \quad \therefore x=-\frac{3}{2}$

ACT 22 066~067쪽

02 $\frac{1}{3}(x+2)=-2$

$3\times\frac{1}{3}(x+2)=(-2)\times 3$

$x+2=-6 \quad \therefore x=-8$

03 $\frac{1}{4}(x+1)=2x$

$4\times\frac{1}{4}(x+1)=2x\times 4$

$x+1=8x$

$-7x=-1 \quad \therefore x=\frac{1}{7}$

04 $\frac{1}{5}(6x-7)=-3x$

$5\times\frac{1}{5}(6x-7)=(-3x)\times 5$

$6x-7=-15x$

$21x=7 \quad \therefore x=\frac{1}{3}$

06 $\frac{x-2}{3}=-4$

$\frac{x-2}{3}\times 3=(-4)\times 3$

$x-2=-12 \quad \therefore x=-10$

07 $\frac{x+3}{2}=2x$

$\frac{x+3}{2}\times2=2x\times2$

$x+3=4x$

$-3x=-3$ $\therefore x=1$

08 $\frac{3x-2}{2}=-x$

$\frac{3x-2}{2}\times2=(-x)\times2$

$3x-2=-2x$

$5x=2$ $\therefore x=\frac{2}{5}$

10 $\frac{x-3}{2}-5=0$

$\left(\frac{x-3}{2}-5\right)\times2=0\times2$

$x-3-10=0$

$\therefore x=13$

11 $\frac{2x-1}{3}+7=0$

$\left(\frac{2x-1}{3}+7\right)\times3=0\times3$

$2x-1+21=0$

$2x=-20$ $\therefore x=-10$

12 $\frac{x+1}{3}+1=7$

$\left(\frac{x+1}{3}+1\right)\times3=7\times3$

$x+1+3=21$

$\therefore x=17$

13 $\frac{x-5}{4}-2=-3$

$\left(\frac{x-5}{4}-2\right)\times4=(-3)\times4$

$x-5-8=-12$

$\therefore x=1$

14 $\frac{3x-2}{7}+1=4$

$\left(\frac{3x-2}{7}+1\right)\times7=4\times7$

$3x-2+7=28$

$3x=23$ $\therefore x=\frac{23}{3}$

15 $\frac{x+3}{2}+x=0$

$\left(\frac{x+3}{2}+x\right)\times2=0\times2$

$x+3+2x=0$

$3x=-3$ $\therefore x=-1$

16 $\frac{x-5}{8}-2x=0$

$\left(\frac{x-5}{8}-2x\right)\times8=0\times8$

$x-5-16x=0$

$-15x=5$ $\therefore x=-\frac{1}{3}$

17 $\frac{2x-1}{3}-3x=0$

$\left(\frac{2x-1}{3}-3x\right)\times3=0\times3$

$2x-1-9x=0$

$-7x=1$ $\therefore x=-\frac{1}{7}$

18 $\frac{x+2}{4}+2x=5$

$\left(\frac{x+2}{4}+2x\right)\times4=5\times4$

$x+2+8x=20$

$9x=18$ $\therefore x=2$

19 $\frac{x-3}{6}-x=7$

$\left(\frac{x-3}{6}-x\right)\times6=7\times6$

$x-3-6x=42$

$-5x=45$ $\therefore x=-9$

20 $\frac{3x-2}{5}-4x=-1$

$\left(\frac{3x-2}{5}-4x\right)\times5=(-1)\times5$

$3x-2-20x=-5$

$-17x=-3$ $\therefore x=\frac{3}{17}$

ACT 23 068~069쪽

02 $\frac{1}{3}(x-4)=\frac{5}{2}x-2$

$6\times\frac{1}{3}(x-4)=\left(\frac{5}{2}x-2\right)\times6$

$2(x-4)=15x-12$

$2x-8=15x-12$

$-13x=-4$ $\therefore x=\frac{4}{13}$

03 $\frac{1}{2}(x-1)=\frac{1}{3}(x+1)$

$6\times\frac{1}{2}(x-1)=6\times\frac{1}{3}(x+1)$

$3(x-1)=2(x+1)$

$3x-3=2x+2$
$\therefore x=5$

04 $\frac{1}{3}(x+2)=\frac{1}{4}(x-3)$

$12\times\frac{1}{3}(x+2)=12\times\frac{1}{4}(x-3)$
$4(x+2)=3(x-3)$
$4x+8=3x-9$
$\therefore x=-17$

06 $\frac{x-2}{3}=\frac{3}{4}x+1$

$12\times\frac{x-2}{3}=\left(\frac{3}{4}x+1\right)\times12$
$4(x-2)=9x+12$
$4x-8=9x+12$
$-5x=20 \quad \therefore x=-4$

07 $\frac{x+1}{2}=\frac{x+1}{5}$

$10\times\frac{x+1}{2}=10\times\frac{x+1}{5}$
$5(x+1)=2(x+1)$
$5x+5=2x+2$
$3x=-3 \quad \therefore x=-1$

08 $\frac{2x+1}{3}=\frac{3x-1}{2}$

$6\times\frac{2x+1}{3}=6\times\frac{3x-1}{2}$
$2(2x+1)=3(3x-1)$
$4x+2=9x-3$
$-5x=-5 \quad \therefore x=1$

09 $\frac{x-1}{4}+\frac{2x+1}{2}=0$

$4\times\left(\frac{x-1}{4}+\frac{2x+1}{2}\right)=0\times4$
$x-1+2(2x+1)=0$
$x-1+4x+2=0$
$5x=-1 \quad \therefore x=-\frac{1}{5}$

10 $\frac{x+2}{3}+\frac{x-5}{4}=0$

$12\times\left(\frac{x+2}{3}+\frac{x-5}{4}\right)=0\times12$
$4(x+2)+3(x-5)=0$
$4x+8+3x-15=0$
$7x=7 \quad \therefore x=1$

11 $\frac{x-3}{2}+\frac{x+3}{3}=0$

$6\times\left(\frac{x-3}{2}+\frac{x+3}{3}\right)=0\times6$
$3(x-3)+2(x+3)=0$
$3x-9+2x+6=0$
$5x=3 \quad \therefore x=\frac{3}{5}$

12 $\frac{x-5}{9}+\frac{x+2}{3}=1$

$9\times\left(\frac{x-5}{9}+\frac{x+2}{3}\right)=1\times9$
$x-5+3(x+2)=9$
$x-5+3x+6=9$
$4x=8 \quad \therefore x=2$

13 $\frac{x-4}{5}+\frac{x+3}{2}=1$

$10\times\left(\frac{x-4}{5}+\frac{x+3}{2}\right)=1\times10$
$2(x-4)+5(x+3)=10$
$2x-8+5x+15=10$
$7x=3 \quad \therefore x=\frac{3}{7}$

14 $\frac{x+4}{5}+\frac{3x-1}{4}=1$

$20\times\left(\frac{x+4}{5}+\frac{3x-1}{4}\right)=1\times20$
$4(x+4)+5(3x-1)=20$
$4x+16+15x-5=20$
$19x=9 \quad \therefore x=\frac{9}{19}$

15 $\frac{3x-1}{2}+\frac{x-4}{3}=0$

$6\times\left(\frac{3x-1}{2}+\frac{x-4}{3}\right)=0\times6$
$3(3x-1)+2(x-4)=0$
$9x-3+2x-8=0$
$11x=11 \quad \therefore x=1$

16 $\frac{x+3}{4}-\frac{x+3}{8}=0$

$8\times\left(\frac{x+3}{4}-\frac{x+3}{8}\right)=0\times8$
$2(x+3)-(x+3)=0$
$2x+6-x-3=0$
$\therefore x=-3$

주의 $-\frac{x+3}{8}$은 $\frac{x+3}{8}$의 전체 부호가 '$-$'이므로 ( )를 빠뜨리지 않아야 한다.

$\frac{x+3}{4}-\frac{x+3}{8}=0$
$8\times\left(\frac{x+3}{4}-\frac{x+3}{8}\right)=0\times8$
$2(x+3)-x+3=0$ (×)

17 $\frac{x-3}{4}-\frac{x-5}{6}=1$

$12\times\left(\frac{x-3}{4}-\frac{x-5}{6}\right)=1\times12$

$3(x-3)-2(x-5)=12$
$3x-9-2x+10=12$
$\therefore x=11$

18 $\frac{x-2}{3}-\frac{2x-5}{4}=1$
$12\times\left(\frac{x-2}{3}-\frac{2x-5}{4}\right)=1\times12$
$4(x-2)-3(2x-5)=12$
$4x-8-6x+15=12$
$-2x=5 \quad \therefore x=-\frac{5}{2}$

19 $\frac{2x+1}{6}-\frac{4x-3}{5}=1$
$30\times\left(\frac{2x+1}{6}-\frac{4x-3}{5}\right)=1\times30$
$5(2x+1)-6(4x-3)=30$
$10x+5-24x+18=30$
$-14x=7 \quad \therefore x=-\frac{1}{2}$

ACT+ 24 070~071쪽

01 (2) $2:3=4:(x+2)$
➡ $2(x+2)=12$
$2x+4=12$
$2x=8 \quad \therefore x=4$
(3) $(-2x+3):(x+1)=1:2$
➡ $2(-2x+3)=x+1$
$-4x+6=x+1$
$-5x=-5 \quad \therefore x=1$
(4) $(-4x-3):(-3x+1)=3:2$
➡ $2(-4x-3)=3(-3x+1)$
$-8x-6=-9x+3$
$\therefore x=9$
(5) $4:(x-1)=3:2x$
➡ $8x=3(x-1)$
$8x=3x-3$
$5x=-3 \quad \therefore x=-\frac{3}{5}$

02 $(5x-1):(3x+1)=3:2$
➡ $2(5x-1)=3(3x+1)$
$10x-2=9x+3$
$\therefore x=5$

03 $2(x+1):3=(x-4):4$
➡ $8(x+1)=3(x-4)$
$8x+8=3x-12$
$5x=-20 \quad \therefore x=-4$

04 $2x:1=\left(\frac{1}{2}x+1\right):2$
➡ $4x=\frac{1}{2}x+1$
$8x=x+2$
$7x=2 \quad \therefore x=\frac{2}{7}$

05 (2) $ax+2=-4$에 $x=2$를 대입하면
$2a+2=-4$
$2a=-6 \quad \therefore a=-3$

06 (2) $ax+1=3x-a$에 $x=\frac{1}{2}$을 대입하면
$\frac{1}{2}a+1=\frac{3}{2}-a$
$\frac{3}{2}a=\frac{1}{2} \quad \therefore a=\frac{1}{3}$

07 $3x=4-ax$에 $x=-2$를 대입하면
$-6=4+2a$
$-2a=10 \quad \therefore a=-5$

08 (1) $2x-5=-x+4$
$3x=9 \quad \therefore x=3$
(2) $x-2a=4x-3$에 $x=3$을 대입하면
$3-2a=12-3$
$-2a=6 \quad \therefore a=-3$

09 $3x+4=x-8$
$2x=-12 \quad \therefore x=-6$
따라서 $2x-1=ax+5$에 $x=-6$을 대입하면
$-12-1=-6a+5$
$6a=18 \quad \therefore a=3$

10 $\frac{1}{2}x+1=\frac{2}{3}x-3$
$\left(\frac{1}{2}x+1\right)\times6=\left(\frac{2}{3}x-3\right)\times6$
$3x+6=4x-18$
$-x=-24 \quad \therefore x=24$
따라서 $ax-8=2(x-4)$에 $x=24$를 대입하면
$24a-8=2\times(24-4)$
$24a-8=40$
$24a=48 \quad \therefore a=2$

ACT 25 072~073쪽

03 $2\{$(가로의 길이)$+$(세로의 길이)$\}=$(둘레의 길이)
➡ $2(6+x)=30$

04 $\frac{1}{2}\times\{$(윗변의 길이)+(아랫변의 길이)$\}\times$(높이)
=(사다리꼴의 넓이)
➡ $\frac{1}{2}(x+9)\times7=56$

05 (속력)×(시간)=(거리)
➡ $50x=150$

08 (사과의 가격)+(귤의 가격)=(전체 가격)
➡ $800\times5+500x=7000$

10 $x-9=-13$ $\quad\therefore x=-4$

11 $x+15=3x-7$
$-2x=-22$ $\quad\therefore x=11$

12 $2x-5=4x+9$
$-2x=14$ $\quad\therefore x=-7$

13 $(x+10)\div2=5x$
$x+10=10x$
$-9x=-10$ $\quad\therefore x=\frac{10}{9}$

15 x년 후 : (이모의 나이)=2×(성희의 나이)
➡ $32+x=2(14+x)$
$32+x=28+2x$
$-x=-4$ $\quad\therefore x=4$
따라서 이모의 나이가 성희의 나이의 2배가 되는 것은 4년 후이다.

16 x년 후 : (할아버지의 나이)=4×(진한이의 나이)
➡ $70+x=4(16+x)$
$70+x=64+4x$
$-3x=-6$ $\quad\therefore x=2$
따라서 할아버지의 나이가 진한이의 나이의 4배가 되는 것은 2년 후이다.

ACT+ 26 074~075쪽

02 가장 작은 수 : x
연속하는 세 자연수 : x, $x+1$, $x+2$
➡ $x+(x+1)+(x+2)=24$
$3x+3=24$
$3x=21$ $\quad\therefore x=7$
따라서 가장 작은 수는 7이다.

03 가장 큰 수 : x
연속하는 세 짝수 : $x-4$, $x-2$, x
➡ $(x-4)+(x-2)+x=30$
$3x-6=30$
$3x=36$ $\quad\therefore x=12$
따라서 가장 큰 수는 12이다.

05 십의 자리의 숫자 : x
처음 수 : $10x+4$, 바꾼 수 : $40+x$
➡ $40+x=(10x+4)-18$
$-9x=-54$ $\quad\therefore x=6$
따라서 처음 수는 $10\times6+4=64$이다.

07 세로의 길이 : x cm
$2\times\{$(가로의 길이)+(세로의 길이)$\}$=(둘레의 길이)
➡ $2(8+x)=26$
$8+x=13$ $\quad\therefore x=5$
따라서 세로의 길이는 5 cm이다.

08 삼각형의 높이 : x cm
$\frac{1}{2}\times$(밑변의 길이)×(높이)=(삼각형의 넓이)
➡ $\frac{1}{2}\times9\times x=27$
$9x=54$ $\quad\therefore x=6$
따라서 높이는 6 cm이다.

09 가로의 길이 : x cm
세로의 길이 : $(x+3)$ cm
➡ $2\{x+(x+3)\}=34$, $2x+3=17$
$2x=14$ $\quad\therefore x=7$
따라서 가로의 길이는 7 cm이다.

10 윗변의 길이 : x cm
아랫변의 길이 : $(x+2)$ cm
➡ $\frac{1}{2}\{x+(x+2)\}\times8=48$
$4(2x+2)=48$, $2x+2=12$
$2x=10$ $\quad\therefore x=5$
따라서 윗변의 길이는 5 cm이다.

11 새로운 직사각형의 가로의 길이 : $12-4=8$(cm)
새로운 직사각형의 세로의 길이 : $(9+x)$ cm
➡ $8(9+x)=96$, $9+x=12$ $\quad\therefore x=3$

ACT+ 27 076~077쪽

02 사과의 개수 : x개
배의 개수 : $(10-x)$개
(사과의 가격)+(배의 가격)=(총 가격)
➡ $1000x+1400(10-x)=12000$
$10x+14(10-x)=120$
$10x+140-14x=120$
$-4x=-20$ $\quad\therefore x=5$
따라서 사과는 5개, 배는 5개를 사야 한다.

03 2점짜리 숫의 개수 : x개
3점짜리 숫의 개수 : $(13-x)$개
➡ $2x+3(13-x)=30$
$2x+39-3x=30$
$-x=-9 \quad \therefore x=9$
따라서 2점짜리 숫은 9개 넣었다.

04 닭의 수 : x마리
돼지의 수 : $(32-x)$마리
돼지의 총 다리 수 : $4(32-x)$개
닭의 총 다리 수 : $2x$개
➡ $4(32-x)+2x=80$
$128-4x+2x=80$
$-2x=-48 \quad \therefore x=24$
따라서 닭은 24마리이다.

05 연필의 수 : x자루
색연필의 수 : $(10-x)$자루
(연필의 가격)+(색연필의 가격)=(총 가격)
➡ $750x+950(10-x)=10000-1100$
$750x+950(10-x)=8900$
$75x+95(10-x)=890$
$-20x=-60 \quad \therefore x=3$
따라서 연필은 3자루, 색연필은 7자루를 샀다.

07 학생 수 : x명
딱지 수는 변하지 않는다.
➡ $5x+8=6x-4$
$-x=-12 \quad \therefore x=12$
따라서 학생은 모두 12명이다.

08 학생 수 : x명
연필 수는 변하지 않는다.
➡ $7x+5=8x-6$
$-x=-11 \quad \therefore x=11$
따라서 학생 수는 11명이고,
연필은 $7\times11+5=82$(자루)이다.

09 상자의 개수 : x개
도넛의 개수는 변하지 않는다.
➡ $6x+3=7x-2$
$-x=-5 \quad \therefore x=5$
따라서 상자는 5개이고,
도넛은 $6\times5+3=33$(개)이다.

10 학생 수 : x명
초콜릿의 개수는 변하지 않는다.
➡ $5x+4=7x-12$
$-2x=-16 \quad \therefore x=8$
따라서 학생 수는 8명이므로 초콜릿은 $5\times8+4=44$(개)
이때 초콜릿을 6개씩 나누어 주면 $6\times8=48$(개)가 필요하므로 $48-44=4$(개)가 부족하다.

ACT+ 28 078~079쪽

02 두 지점 A, B 사이의 거리 : x km
100분$=\frac{100}{60}$시간이므로
$\frac{x}{6}+\frac{x}{4}=\frac{100}{60}$, $\frac{x}{6}+\frac{x}{4}=\frac{5}{3}$
$2x+3x=20$
$5x=20 \quad \therefore x=4$
따라서 두 지점 A, B 사이의 거리는 4 km이다.

04 분속 200 m로 달린 거리 : x m
분속 80 m로 걸은 거리 : $(2000-x)$ m
➡ $\frac{2000-x}{80}+\frac{x}{200}=16$
$5(2000-x)+2x=6400$
$10000-5x+2x=6400$
$-3x=-3600 \quad \therefore x=1200$
따라서 분속 200 m로 달린 거리는 1200 m이다.

06 증발시킨 물의 양 : x g

물 x g
30% 200 g ➡ 50% $(200-x)$ g
(소금의 양) = (소금의 양)

$\frac{30}{100}\times200=\frac{50}{100}\times(200-x)$
$6000=10000-50x$
$50x=4000 \quad \therefore x=80$
따라서 80 g의 물을 증발시키면 된다.

08 6 %의 설탕물의 양 : x g
➡ $\frac{10}{100}\times300+\frac{6}{100}\times x=\frac{8}{100}\times(300+x)$
$3000+6x=2400+8x$
$-2x=-600 \quad \therefore x=300$
따라서 6 %의 설탕물은 300 g 섞었다.

TEST 06 080~081쪽

02 ① 같은 수를 더하거나 같은 수를 빼야 한다.
③ 0으로 나눌 수 없다.
⑤ $\frac{a}{2}=\frac{b}{3}$의 양변에 6을 곱하면 $3a=2b$이다.
따라서 옳은 것은 ②, ④이다.

05 ④ 양변에 2를 곱했다.

06 $4x=8x+2$

$-4x=2 \quad \therefore x=-\frac{1}{2}$

07 $3(x-1)=4x-5$

$3x-3=4x-5$

$-x=-2 \quad \therefore x=2$

08 $-0.5(2-x)=0.2(3x-4)$

$-5(2-x)=2(3x-4)$

$-10+5x=6x-8$

$-x=2 \quad \therefore x=-2$

09 $\frac{x}{5}-\frac{2}{3}=-\frac{1}{3}x+2$

$3x-10=-5x+30$

$8x=40 \quad \therefore x=5$

10 $\frac{x+1}{4}+\frac{2x-3}{2}=1$

$x+1+2(2x-3)=4$

$x+1+4x-6=4$

$5x=9 \quad \therefore x=\frac{9}{5}$

11 ① $0.2x-0.1=0.4x-0.5$

$2x-1=4x-5$

$-2x=-4 \quad \therefore x=2$

② $x+1=10-2x$

$3x=9 \quad \therefore x=3$

③ $3(x-1)=-2(-2x+1)$

$3x-3=4x-2$

$-x=1 \quad \therefore x=-1$

④ $\frac{x}{2}-\frac{1}{3}=-1$

$3x-2=-6$

$3x=-4 \quad \therefore x=-\frac{4}{3}$

⑤ $2-\{3(x+1)-2\}=-2x$

$2-(3x+3-2)=-2x$

$2-3x-1=-2x$

$-x=-1 \quad \therefore x=1$

따라서 해가 $x=3$인 것은 ②이다.

12 $(2x-6):(x+4)=3:2$

$2(2x-6)=3(x+4)$

$4x-12=3x+12$

$\therefore x=24$

13 $\frac{1}{3}(x-2)=\frac{x-1}{4}$

$4(x-2)=3(x-1)$

$4x-8=3x-3$

$\therefore x=5$

$ax+3=-x+a$에 $x=5$를 대입하면

$5a+3=-5+a$

$4a=-8$

$\therefore a=-2$

14 성준이의 키 : x cm

성준이의 형의 키 : $(x+5)$ cm

$\frac{(\text{성준이의 키})+(\text{형의 키})}{2}=(\text{평균})$

➡ $\frac{x+(x+5)}{2}=150$

15 연속하는 세 홀수 : $x-4$, $x-2$, x

➡ $(x-4)+(x-2)+x=45$

$3x-6=45$

$3x=51$

$\therefore x=17$

따라서 가장 큰 수는 17이다.

16 새로운 직사각형의 가로의 길이 : $(6+x)$ cm

새로운 직사각형의 세로의 길이 : $4+2=6(\text{cm})$

➡ $6(6+x)=24\times3$

$6+x=12$

$\therefore x=6$

17 배추 : x포기, 무 : $(20-x)$개

➡ $1000x+800(20-x)=18200$

$10x+8(20-x)=182$

$10x+160-8x=182$

$2x=22 \quad \therefore x=11$

따라서 배추는 모두 11포기를 샀다.

18 학생 수 : x명

공책 수는 변하지 않는다.

➡ $5x+4=6x-5$

$-x=-9 \quad \therefore x=9$

따라서 학생 수는 9명이고 공책 수는 $5\times9+4=49$(권)이다.

19 등산 코스의 거리 : x km

➡ $\frac{x}{2}+\frac{x}{5}=\frac{210}{60}$, $\frac{x}{2}+\frac{x}{5}=\frac{7}{2}$

$5x+2x=35$

$7x=35$

$\therefore x=5$

따라서 등산 코스의 거리는 5 km이므로 등산한 코스의 왕복 거리는 $5\times2=10(\text{km})$이다.

20 더 넣어야 하는 물의 양 : x g

➡ $\frac{15}{100}\times400=\frac{10}{100}\times(400+x)$

$600=400+x$

$\therefore x=200$

따라서 200 g의 물을 더 넣어야 한다.

Chapter Ⅶ 좌표평면과 그래프

088~089쪽

22 $a-5=0$ $\quad\therefore a=5$

23 $2a-3=0$, $2a=3$ $\quad\therefore a=\frac{3}{2}$

24 $4a+8=0$, $4a=-8$ $\quad\therefore a=-2$

26 $a+6=0$ $\quad\therefore a=-6$

27 $3a+9=0$, $3a=-9$ $\quad\therefore a=-3$

28 $2a-10=0$, $2a=10$ $\quad\therefore a=5$

090~091쪽

27 점 (a, b)가 제3사분면 위의 점이므로 $a<0$, $b<0$
따라서 $a+b<0$, $ab>0$이므로
점 $(a+b, ab)$는 제2사분면 위의 점이다.

092~093쪽

18 x축에 대하여 대칭인 두 점은 y좌표의 부호가 반대이므로
$a-1=6$, $b=1$
$\therefore a=7$, $b=1$

21 y축에 대하여 대칭인 두 점은 x좌표의 부호가 반대이므로
$a=-5$, $2b=-8$
$\therefore a=-5$, $b=-4$

24 원점에 대하여 대칭인 두 점은 x좌표와 y좌표의 부호가 모두 반대이므로
$a+2=-5$, $3b=9$
$\therefore a=-7$, $b=3$

28 점 $\mathrm{P}(-2, -4)$와 y축에 대하여 대칭인 점은 $\mathrm{Q}(2, -4)$이고, 원점에 대하여 대칭인 점은 $\mathrm{R}(2, 4)$이다.

29 x축에 대하여 대칭인 두 점은 y좌표의 부호가 반대이므로
$a+1=4$, $b-2=3$
$\therefore a=3$, $b=5$
$\therefore a+b=8$

ACT 33

094~095쪽

07 주어진 그래프는 원점을 지나지 않는다.

09 x의 값이 0에서 2까지 증가할 때 y의 값은 3으로 일정하다.

11 x의 값이 30일 때 y의 값이 50이므로 끓는 물을 식히기 시작한 지 30분 후의 물의 온도는 50 °C이다.

12 끓는 물의 온도는 100 °C이고, 끓는 물을 식히기 시작한 지 20분 후의 물의 온도는 80 °C이므로 내려간 물의 온도는
$100-80=20$(°C)

13 y의 값이 0일 때 x의 값이 40이므로 물의 온도가 0 °C가 될 때까지 끓는 물을 식힌 시간은 40분이다.

14 집을 출발한 지 30분 후에 집으로부터의 거리가 2 km가 되므로 집에서 공원까지는 30분이 걸린다.

15 집을 출발한 지 30분 후부터 90분 후까지 집으로부터의 거리가 2 km로 일정하므로 공원에 머문 시간은
$90-30=60$(분)이다.

16 집을 출발한 지 120분 후에 집으로부터의 거리가 0 km이므로 공원에 다녀오는 데 걸린 시간은 120분이다.

17 x의 값이 30일 때 y의 값이 150이므로 줄넘기를 30분 동안 할 때 소모되는 열량은 150 kcal이다.

18 x의 값이 30에서 20만큼 증가한 50까지 증가할 때 y의 값은 150에서 250까지 증가하므로 소모되는 열량은
$250-150=100$(kcal)이다.

19 y의 값이 250일 때 x의 값이 50이므로 250 kcal의 열량을 소모하려면 줄넘기를 50분 동안 해야 한다.

096~097쪽

01 (2) 사각형 ABCD는 직사각형이므로 그 넓이는
(가로의 길이)×(세로의 길이)
$=\{3-(-2)\}\times\{3-(-2)\}$
$=5\times5=25$

02 사각형 ABCD는 사다리꼴이므로 그 넓이는
$\frac{1}{2}\times$\{(윗변의 길이)+(아랫변의 길이)\}×(높이)
$=\frac{1}{2}\times[\{1-(-3)\}+\{3-(-3)\}]\times\{2-(-3)\}$
$=\frac{1}{2}\times(4+6)\times5=25$

03 (2) (삼각형 ABC의 넓이)

$=\frac{1}{2}\times$(밑변의 길이)$\times$(높이)

$=\frac{1}{2}\times\{3-(-2)\}\times\{3-(-1)\}$

$=\frac{1}{2}\times5\times4=10$

04 (삼각형 ABC의 넓이)

$=\frac{1}{2}\times$(밑변의 길이)$\times$(높이)

$=\frac{1}{2}\times\{2-(-3)\}\times\{2-(-4)\}$

$=\frac{1}{2}\times5\times6=15$

05 (1) 시간에 따라 집에서 떨어진 거리가 일정하게 증가하므로 알맞은 그래프는 ㉠이다.
(2) 시간에 따라 집에서 떨어진 거리가 일정하게 증가하다가 변화없이 유지되다가 다시 일정하게 증가하므로 알맞은 그래프는 ㉣이다.
(3) 시간에 따라 집에서 떨어진 거리가 일정하게 증가하다가 일정하게 감소하므로 알맞은 그래프는 ㉡이다.
(4) 시간에 따라 집에서 떨어진 거리가 일정하게 증가하다가 변화없이 유지되다가 다시 일정하게 감소하므로 알맞은 그래프는 ㉢이다.

06 (1) 수면의 반지름의 길이가 일정하므로 물의 높이는 일정하게 증가한다. 따라서 알맞은 그래프는 ㉢이다.
(2) 수면의 반지름의 길이가 점점 길어지므로 물의 높이는 점점 느리게 증가한다. 따라서 알맞은 그래프는 ㉡이다.

07 수면의 반지름의 길이가 점점 짧아지다가 일정해지므로 물의 높이는 점점 빠르게 증가하다가 일정하게 증가한다. 따라서 알맞은 그래프는 ⑤이다.

ACT 35 100~101쪽

10 $\frac{y}{x}=7$에서 $y=7x$이므로 y가 x에 정비례한다.

12 (정육각형의 둘레의 길이)$=6\times$(한 변의 길이)
$\therefore y=6x$

14 (거리)$=$(속력)$\times$(시간)
$\therefore y=60x$

16 (직사각형의 넓이)$=$(가로의 길이)$\times$(세로의 길이)
$\therefore y=10x$

21 $y=ax$라 하고, $x=3$, $y=-9$를 대입하면
$-9=3a \quad \therefore a=-3$
$\therefore y=-3x$

22 $y=ax$라 하고, $x=6$, $y=2$를 대입하면
$2=6a \quad \therefore a=\frac{1}{3}$
$\therefore y=\frac{1}{3}x$

23 $y=ax$라 하고, $x=-4$, $y=-2$를 대입하면
$-2=-4a \quad \therefore a=\frac{1}{2}$
$\therefore y=\frac{1}{2}x$

24 $y=ax$라 하고, $x=5$, $y=10$을 대입하면
$10=5a \quad \therefore a=2$
$\therefore y=2x$

25 $y=ax$라 하고, $x=8$, $y=-2$를 대입하면
$-2=8a \quad \therefore a=-\frac{1}{4}$
따라서 $y=-\frac{1}{4}x$이므로 $x=12$일 때 y의 값은
$y=-\frac{1}{4}\times12=-3$

ACT 36 102~103쪽

06 $y=-3x$에 $x=2$, $y=-6$을 대입하면
$-6=-3\times2$
➡ 그래프 위의 점이다.

07 $y=-3x$에 $x=0$, $y=-3$을 대입하면
$-3\neq-3\times0$
➡ 그래프 위의 점이 아니다.

08 $y=-3x$에 $x=-\frac{1}{3}$, $y=1$을 대입하면
$1=-3\times\left(-\frac{1}{3}\right)$
➡ 그래프 위의 점이다.

09 $y=\frac{1}{4}x$에 $x=1$, $y=-4$를 대입하면
$-4\neq\frac{1}{4}\times1$
➡ 그래프 위의 점이 아니다.

10 $y=\frac{1}{4}x$에 $x=-8$, $y=-2$를 대입하면
$-2=\frac{1}{4}\times(-8)$
➡ 그래프 위의 점이다.

11 $y=\frac{1}{4}x$에 $x=-2$, $y=\frac{1}{2}$을 대입하면
$\frac{1}{2}\neq\frac{1}{4}\times(-2)$ ➡ 그래프 위의 점이 아니다.

12 $y=-\frac{2}{5}x$에 $x=-5$, $y=2$를 대입하면
$2=-\frac{2}{5}\times(-5)$ ➡ 그래프 위의 점이다.

13 $y=-\frac{2}{5}x$에 $x=10$, $y=-4$를 대입하면
$-4=-\frac{2}{5}\times10$ ➡ 그래프 위의 점이다.

14 $y=-\frac{2}{5}x$에 $x=-20$, $y=-8$을 대입하면
$-8\neq-\frac{2}{5}\times(-20)$ ➡ 그래프 위의 점이 아니다.

16 $y=2x$에 $x=a$, $y=-4$를 대입하면
$-4=2a \quad \therefore a=-2$

17 $y=2x$에 $x=7$, $y=a$를 대입하면 $a=2\times7=14$

18 $y=-\frac{1}{3}x$에 $x=a$, $y=-\frac{1}{6}$을 대입하면
$-\frac{1}{6}=-\frac{1}{3}a \quad \therefore a=\frac{1}{2}$

19 $y=-\frac{1}{3}x$에 $x=12$, $y=a$를 대입하면
$a=-\frac{1}{3}\times12=-4$

20 $y=\frac{3}{4}x$에 $x=a$, $y=-15$를 대입하면
$-15=\frac{3}{4}a \quad \therefore a=-20$

21 $y=\frac{3}{4}x$에 $x=16$, $y=a$를 대입하면
$a=\frac{3}{4}\times16=12$

ACT 37 104~105쪽

10 $y=ax$에서 $a>0$일 때 그래프가 오른쪽 위로 향하므로 ㉠, ㉣이다.

11 $y=ax$에서 $a<0$일 때 그래프가 제2사분면과 제4사분면을 지나므로 ㉡, ㉢이다.

12 $y=ax$에서 $a<0$일 때 그래프가 x의 값이 증가하면 y의 값은 감소하므로 ㉡, ㉢이다.

13 $y=ax$에서 $|a|$의 값이 가장 큰 것은 ㉠이다.

14 $y=ax$에서 $|a|$의 값이 가장 작은 것은 ㉢이다.

15~18 ㉠, ㉡은 제2사분면과 제4사분면을 지나므로 $a<0$
이때 $|-2|>\left|-\frac{3}{4}\right|$이고 ㉡이 y축에 더 가까우므로
$y=-2x$ ➡ ㉡, $y=-\frac{3}{4}x$ ➡ ㉠
㉢, ㉣은 제1사분면과 제3사분면을 지나므로 $a>0$
이때 $|3|>\left|\frac{1}{3}\right|$이고 ㉢이 y축에 더 가까우므로
$y=3x$ ➡ ㉢, $y=\frac{1}{3}x$ ➡ ㉣

20 $y=\frac{4}{3}x$에 $x=-3$, $y=4$를 대입하면
$4\neq\frac{4}{3}\times(-3)$
➡ $y=\frac{4}{3}x$의 그래프는 점 $(-3, 4)$를 지나지 않는다.

22 $\frac{4}{3}>0$이므로 그래프는 오른쪽 위로 향하는 직선이다.

23 $\frac{4}{3}>0$이므로 x의 값이 증가하면 y의 값도 증가한다.

24 $\left|\frac{4}{3}\right|<|2|$이므로 $y=\frac{4}{3}x$의 그래프는 $y=2x$의 그래프보다 x축에 더 가깝다.

25 ④ $-5<0$이므로 x의 값이 증가하면 y의 값은 감소한다.
따라서 옳지 않은 것은 ④이다.

ACT 38 106~107쪽

02 $y=ax$에 $x=3$, $y=9$를 대입하면 $9=3a \quad \therefore a=3$

03 $y=ax$에 $x=-8$, $y=-2$를 대입하면
$-2=-8a \quad \therefore a=\frac{1}{4}$

04 $y=ax$에 $x=12$, $y=-8$을 대입하면
$-8=12a \quad \therefore a=-\frac{2}{3}$

05 $y=ax$에 $x=\frac{3}{4}$, $y=6$을 대입하면
$6=\frac{3}{4}a \quad \therefore a=8$

06 $y=ax$에 $x=2$, $y=-\frac{1}{3}$을 대입하면
$-\frac{1}{3}=2a \quad \therefore a=-\frac{1}{6}$

08 $y=ax$라 하고 그래프가 점 $(-4,\ 6)$을 지나므로
$x=-4,\ y=6$을 대입하면
$6=-4a \quad \therefore a=-\frac{3}{2}$
$\therefore y=-\frac{3}{2}x$

09 $y=ax$라 하고 그래프가 점 $(4,\ 8)$을 지나므로
$x=4,\ y=8$을 대입하면
$8=4a \quad \therefore a=2$
$\therefore y=2x$

11 $y=ax$에 $x=-3,\ y=2$를 대입하면
$2=-3a \quad \therefore a=-\frac{2}{3}$
$y=-\frac{2}{3}x$에 $x=6,\ y=k$를 대입하면
$k=-\frac{2}{3}\times 6=-4$

12 $y=ax$에 $x=8,\ y=6$을 대입하면
$6=8a \quad \therefore a=\frac{3}{4}$
$y=\frac{3}{4}x$에 $x=k,\ y=9$를 대입하면
$9=\frac{3}{4}k \quad \therefore k=12$

13 $y=ax$에 $x=-5,\ y=10$을 대입하면
$10=-5a \quad \therefore a=-2$
$y=-2x$에 $x=k,\ y=-12$를 대입하면
$-12=-2k \quad \therefore k=6$

14 $y=ax$에 $x=12,\ y=-15$를 대입하면
$-15=12a \quad \therefore a=-\frac{5}{4}$
$y=-\frac{5}{4}x$에 $x=-2,\ y=k$를 대입하면
$k=-\frac{5}{4}\times(-2)=\frac{5}{2}$

15 $y=ax$에 $x=10,\ y=6$을 대입하면
$6=10a \quad \therefore a=\frac{3}{5}$
$y=\frac{3}{5}x$에 $x=k,\ y=\frac{9}{5}$를 대입하면
$\frac{9}{5}=\frac{3}{5}k \quad \therefore k=3$

16 $y=ax$에 $x=-12,\ y=16$을 대입하면
$16=-12a \quad \therefore a=-\frac{4}{3}$
$y=-\frac{4}{3}x$에 $x=k,\ y=\frac{8}{3}$을 대입하면
$\frac{8}{3}=-\frac{4}{3}k \quad \therefore k=-2$

18 $y=ax$라 하고 그래프가 점 $(-3,\ 6)$을 지나므로
$x=-3,\ y=6$을 대입하면 $6=-3a \quad \therefore a=-2$
$y=-2x$의 그래프가 점 $(2,\ k)$를 지나므로
$x=2,\ y=k$를 대입하면 $k=-2\times 2=-4$

19 $y=ax$라 하고 그래프가 점 $(-6,\ -8)$을 지나므로
$x=-6,\ y=-8$을 대입하면 $-8=-6a \quad \therefore a=\frac{4}{3}$
$y=\frac{4}{3}x$의 그래프가 점 $(k,\ 6)$을 지나므로
$x=k,\ y=6$을 대입하면 $6=\frac{4}{3}k \quad \therefore k=\frac{9}{2}$

20 $y=ax$라 하고 그래프가 점 $(4,\ -2)$를 지나므로
$x=4,\ y=-2$를 대입하면 $-2=4a \quad \therefore a=-\frac{1}{2}$
$y=-\frac{1}{2}x$의 그래프가 점 $(-3,\ k)$를 지나므로
$x=-3,\ y=k$를 대입하면 $k=-\frac{1}{2}\times(-3)=\frac{3}{2}$

ACT+ 39 108~109쪽

01 (1) 점 P의 x좌표는 10이므로 y좌표는 $y=\frac{4}{5}\times 10=8$
$\therefore$ P$(10,\ 8)$
(4) $\frac{1}{2}\times 10\times 8=40$

02 점 P의 y좌표는 6이므로 x좌표는 $6=\frac{3}{2}x \quad \therefore x=4$
$\therefore$ P$(4,\ 6)$
따라서 선분 OQ의 길이는 6, 선분 PQ의 길이는 4이므로 삼각형 OPQ의 넓이는 $\frac{1}{2}\times 6\times 4=12$

03 (3) $y=3x$에 $x=10$을 대입하면 $y=3\times 10=30$
따라서 물을 넣기 시작한 지 10분 후 물통 안에 있는 물의 양은 30 L이다.
(4) $y=3x$에 $y=45$를 대입하면 $45=3x \quad \therefore x=15$
따라서 물통 안에 있는 물의 양이 45 L가 되는 것은 물을 넣기 시작한 지 15분 후이다.

04 (2) $y=4x$에 $x=15$를 대입하면 $y=4\times 15=60$
따라서 물을 넣기 시작한 지 15분 후 물통 안에 있는 물의 양은 60 L이다.
(3) $y=4x$에 $y=120$을 대입하면 $120=4x \quad \therefore x=30$
따라서 물통에 물이 가득 차는 것은 물을 넣기 시작한 지 30분 후이다.

05 (2) $y=1500x$에 $x=5$를 대입하면 $y=1500\times 5=7500$
따라서 휘발유 5 L를 주유할 때 지불해야 하는 금액은 7500원이다.

(3) $y=1500x$에 $y=30000$을 대입하면
$30000=1500x \qquad \therefore x=20$
따라서 30000원을 지불하고 20 L의 휘발유를 주유했다.

06 (2) $y=600x$에 $x=8$을 대입하면 $y=600\times8=4800$
따라서 음료수 8병을 살 때 지불해야 하는 금액은 4800원이다.
(3) $y=600x$에 $y=7200$을 대입하면
$7200=600x \qquad \therefore x=12$
따라서 7200원을 지불하고 음료수 12병을 샀다.

07 (2) $30x=45y \qquad \therefore y=\frac{2}{3}x$
(3) $y=\frac{2}{3}x$에 $x=15$를 대입하면 $y=\frac{2}{3}\times15=10$
따라서 톱니바퀴 A가 15번 회전할 때 톱니바퀴 B는 10번 회전한다.
(4) $y=\frac{2}{3}x$에 $y=40$을 대입하면 $40=\frac{2}{3}x \qquad \therefore x=60$
따라서 톱니바퀴 B가 40번 회전할 때 톱니바퀴 A는 60번 회전한다.

08 (1) $40x=28y \qquad \therefore y=\frac{10}{7}x$
(2) $y=\frac{10}{7}x$에 $x=14$를 대입하면 $y=\frac{10}{7}\times14=20$
따라서 톱니바퀴 A가 14번 회전할 때 톱니바퀴 B는 20번 회전한다.
(3) $y=\frac{10}{7}x$에 $y=50$을 대입하면
$50=\frac{10}{7}x \qquad \therefore x=35$
따라서 톱니바퀴 B가 50번 회전할 때 톱니바퀴 A는 35번 회전한다.

ACT 40 110~111쪽

07 $x=\frac{5}{y}$에서 $y=\frac{5}{x}$이므로 y가 x에 반비례한다.

08 $xy=-10$에서 $y=-\frac{10}{x}$이므로 y가 x에 반비례한다.

10 $\frac{x}{y}=-4$에서 $y=-\frac{x}{4}$이므로 y가 x에 반비례하지 않는다.

14 (거리)=(속력)×(시간)이므로
$100=xy \qquad \therefore y=\frac{100}{x}$

16 (직사각형의 넓이)=(가로의 길이)×(세로의 길이)이므로
$12=xy \qquad \therefore y=\frac{12}{x}$

17 (직육면체의 부피)=(밑넓이)×(높이)이므로
$40=xy \qquad \therefore y=\frac{40}{x}$

21 $y=\frac{a}{x}$라 하고 $x=4$, $y=2$를 대입하면
$2=\frac{a}{4} \qquad \therefore a=8$
$\therefore y=\frac{8}{x}$

22 $y=\frac{a}{x}$라 하고 $x=-7$, $y=3$을 대입하면
$3=\frac{a}{-7} \qquad \therefore a=-21$
$\therefore y=-\frac{21}{x}$

23 $y=\frac{a}{x}$라 하고 $x=6$, $y=-6$을 대입하면
$-6=\frac{a}{6} \qquad \therefore a=-36$
$\therefore y=-\frac{36}{x}$

24 $y=\frac{a}{x}$라 하고 $x=9$, $y=5$를 대입하면
$5=\frac{a}{9} \qquad \therefore a=45$
따라서 $y=\frac{45}{x}$에 $x=-3$을 대입하면
$y=\frac{45}{-3}=-15$

ACT 41 112~113쪽

04 $y=-\frac{4}{x}$에 $x=-1$, $y=4$를 대입하면 $4=-\frac{4}{-1}$
➡ 그래프 위의 점이다.

05 $y=-\frac{4}{x}$에 $x=2$, $y=2$를 대입하면 $2\neq-\frac{4}{2}$
➡ 그래프 위의 점이 아니다.

06 $y=-\frac{4}{x}$에 $x=-12$, $y=\frac{1}{3}$을 대입하면 $\frac{1}{3}=-\frac{4}{-12}$
➡ 그래프 위의 점이다.

07 $y=\frac{6}{x}$에 $x=-2$, $y=3$을 대입하면 $3\neq\frac{6}{-2}$
➡ 그래프 위의 점이 아니다.

08 $y=\frac{6}{x}$에 $x=3$, $y=2$를 대입하면 $2=\frac{6}{3}$
➡ 그래프 위의 점이다.

09 $y=\frac{6}{x}$에 $x=4$, $y=\frac{2}{3}$를 대입하면 $\frac{2}{3} \neq \frac{6}{4}$
➡ 그래프 위의 점이 아니다.

10 $y=-\frac{10}{x}$에 $x=2$, $y=5$를 대입하면 $5 \neq -\frac{10}{2}$
➡ 그래프 위의 점이 아니다.

11 $y=-\frac{10}{x}$에 $x=-5$, $y=2$를 대입하면 $2=-\frac{10}{-5}$
➡ 그래프 위의 점이다.

12 $y=-\frac{10}{x}$에 $x=8$, $y=-\frac{5}{4}$를 대입하면 $-\frac{5}{4}=-\frac{10}{8}$
➡ 그래프 위의 점이다.

14 $y=\frac{12}{x}$에 $x=a$, $y=-6$을 대입하면
$-6=\frac{12}{a}$ $\quad \therefore a=-2$

15 $y=\frac{12}{x}$에 $x=9$, $y=a$를 대입하면 $a=\frac{12}{9}=\frac{4}{3}$

16 $y=-\frac{20}{x}$에 $x=a$, $y=4$를 대입하면
$4=-\frac{20}{a}$ $\quad \therefore a=-5$

17 $y=-\frac{20}{x}$에 $x=-16$, $y=a$를 대입하면
$a=-\frac{20}{-16}=\frac{5}{4}$

18 $y=\frac{18}{x}$에 $x=a$, $y=-2$를 대입하면
$-2=\frac{18}{a}$ $\quad \therefore a=-9$

19 $y=\frac{18}{x}$에 $x=-24$, $y=a$를 대입하면
$a=\frac{18}{-24}=-\frac{3}{4}$

ACT 42 114~115쪽

09 $y=\frac{a}{x}$에서 $a<0$일 때 그래프가 제2사분면과 제4사분면을 지나므로 ㉡, ㉢이다.

10 $y=\frac{a}{x}$에서 $a>0$이면 그래프가 $x>0$일 때, x의 값이 증가하면 y의 값은 감소하므로 ㉠, ㉣이다.

11 $y=\frac{a}{x}$에서 $|a|$의 값이 가장 작은 것은 ㉠이다.

12 $y=\frac{a}{x}$에서 $|a|$의 값이 가장 큰 것은 ㉡이다.

13~16 ㉠, ㉡은 제2사분면과 제4사분면을 지나므로 $a<0$
이때 $|-10|>|-2|$이고 ㉡이 원점에 더 가까우므로
$y=-\frac{10}{x}$ ➡ ㉠, $y=-\frac{2}{x}$ ➡ ㉡
㉢, ㉣은 제1사분면과 제3사분면을 지나므로 $a>0$
이때 $|8|>|3|$이고 ㉢이 원점에 더 가까우므로
$y=\frac{3}{x}$ ➡ ㉢, $y=\frac{8}{x}$ ➡ ㉣

17 반비례 관계의 그래프는 원점을 지나지 않는다.

19 $-21<0$이므로 그래프는 제2사분면과 제4사분면을 지난다.

22 ① 반비례 관계이므로 원점을 지나지 않는다.
② $y=\frac{16}{x}$에 $x=4$, $y=-4$를 대입하면 $-4 \neq \frac{16}{4}$이므로 그래프가 점 $(4, -4)$를 지나지 않는다.
③ $16>0$이므로 그래프는 제1사분면과 제3사분면을 지난다.
⑤ $|16|>|5|$이므로 $y=\frac{5}{x}$의 그래프보다 원점에서 더 멀리 떨어져 있다.
따라서 옳은 것은 ④이다.

ACT 43 116~117쪽

02 $y=\frac{a}{x}$에 $x=-4$, $y=-3$을 대입하면
$-3=\frac{a}{-4}$ $\quad \therefore a=12$

03 $y=\frac{a}{x}$에 $x=5$, $y=6$을 대입하면
$6=\frac{a}{5}$ $\quad \therefore a=30$

04 $y=\frac{a}{x}$에 $x=-2$, $y=7$을 대입하면
$7=\frac{a}{-2}$ $\quad \therefore a=-14$

05 $y=\frac{a}{x}$에 $x=-9$, $y=\frac{1}{3}$을 대입하면
$\frac{1}{3}=\frac{a}{-9}$ $\quad \therefore a=-3$

06 $y=\frac{a}{x}$에 $x=\frac{1}{6}$, $y=24$를 대입하면
$24=a \div \frac{1}{6}$, $24=a \times 6$ $\quad \therefore a=4$

08 $y=\frac{a}{x}$라 하고 그래프가 점 $(-5,\ 4)$를 지나므로

$x=-5$, $y=4$를 대입하면 $4=\frac{a}{-5}$ $\quad\therefore a=-20$

$\therefore y=-\frac{20}{x}$

09 $y=\frac{a}{x}$라 하고 그래프가 점 $(-3,\ -5)$를 지나므로

$x=-3$, $y=-5$를 대입하면 $-5=\frac{a}{-3}$ $\quad\therefore a=15$

$\therefore y=\frac{15}{x}$

11 $y=\frac{a}{x}$에 $x=2$, $y=-6$을 대입하면

$-6=\frac{a}{2}$ $\quad\therefore a=-12$

$y=-\frac{12}{x}$에 $x=4$, $y=k$를 대입하면

$k=-\frac{12}{4}=-3$

12 $y=\frac{a}{x}$에 $x=-3$, $y=8$을 대입하면

$8=\frac{a}{-3}$ $\quad\therefore a=-24$

$y=-\frac{24}{x}$에 $x=k$, $y=6$을 대입하면

$6=-\frac{24}{k}$ $\quad\therefore k=-4$

13 $y=\frac{a}{x}$에 $x=-6$, $y=-5$를 대입하면

$-5=\frac{a}{-6}$ $\quad\therefore a=30$

$y=\frac{30}{x}$에 $x=k$, $y=2$를 대입하면

$2=\frac{30}{k}$ $\quad\therefore k=15$

14 $y=\frac{a}{x}$에 $x=-4$, $y=-9$를 대입하면

$-9=\frac{a}{-4}$ $\quad\therefore a=36$

$y=\frac{36}{x}$에 $x=6$, $y=k$를 대입하면 $k=\frac{36}{6}=6$

15 $y=\frac{a}{x}$에 $x=7$, $y=-4$를 대입하면

$-4=\frac{a}{7}$ $\quad\therefore a=-28$

$y=-\frac{28}{x}$에 $x=-8$, $y=k$를 대입하면

$k=-\frac{28}{-8}=\frac{7}{2}$

16 $y=\frac{a}{x}$에 $x=5$, $y=-3$을 대입하면

$-3=\frac{a}{5}$ $\quad\therefore a=-15$

$y=-\frac{15}{x}$에 $x=k$, $y=9$를 대입하면

$9=-\frac{15}{k}$ $\quad\therefore k=-\frac{5}{3}$

18 $y=\frac{a}{x}$라 하고 그래프가 점 $(-6,\ -4)$를 지나므로

$x=-6$, $y=-4$를 대입하면 $-4=\frac{a}{-6}$ $\quad\therefore a=24$

$y=\frac{24}{x}$의 그래프가 점 $(3,\ k)$를 지나므로

$x=3$, $y=k$를 대입하면 $k=\frac{24}{3}=8$

19 $y=\frac{a}{x}$라 하고 그래프가 점 $(4,\ -4)$를 지나므로

$x=4$, $y=-4$를 대입하면 $-4=\frac{a}{4}$ $\quad\therefore a=-16$

$y=-\frac{16}{x}$의 그래프가 점 $(k,\ 2)$를 지나므로

$x=k$, $y=2$를 대입하면 $2=-\frac{16}{k}$ $\quad\therefore k=-8$

20 $y=\frac{a}{x}$라 하고 그래프가 점 $(10,\ 4)$를 지나므로

$x=10$, $y=4$를 대입하면 $4=\frac{a}{10}$ $\quad\therefore a=40$

$y=\frac{40}{x}$의 그래프가 점 $(-8,\ k)$를 지나므로

$x=-8$, $y=k$를 대입하면 $k=\frac{40}{-8}=-5$

ACT+ 44 118~119쪽

01 (4) (직사각형 OAPB의 넓이)$=a\times\frac{12}{a}=12$

02 점 $\mathrm{P}\left(k,\ \frac{a}{k}\right)$라고 하면

(직사각형 OAPB의 넓이)$=k\times\frac{a}{k}=a$ $\quad\therefore a=16$

03 (2) (직사각형의 넓이)=(가로의 길이)×(세로의 길이)이므로

$45=xy$ $\quad\therefore y=\frac{45}{x}$

(3) $y=\frac{45}{x}$에 $x=10$을 대입하면 $y=\frac{45}{10}=\frac{9}{2}$

(4) $y=\frac{45}{x}$에 $y=20$을 대입하면 $20=\frac{45}{x}$ $\quad\therefore x=\frac{9}{4}$

04 (1) (평행사변형의 넓이)=(밑변의 길이)×(높이)이므로

$36=xy$ $\quad\therefore y=\frac{36}{x}$

(2) $y=\frac{36}{x}$에 $x=9$를 대입하면 $y=\frac{36}{9}=4$

(3) $y=\dfrac{36}{x}$에 $y=3$을 대입하면 $3=\dfrac{36}{x}$ $\quad\therefore x=12$

05 (1) (A의 톱니 수)×(A의 회전 수)
=(B의 톱니 수)×(B의 회전 수)이므로
$20\times24=xy$ $\quad\therefore y=\dfrac{480}{x}$
(2) $y=\dfrac{480}{x}$에 $x=48$을 대입하면 $y=\dfrac{480}{48}=10$
(3) $y=\dfrac{480}{x}$에 $y=40$을 대입하면
$40=\dfrac{480}{x}$ $\quad\therefore x=12$

06 (1) $16\times20=xy$ $\quad\therefore y=\dfrac{320}{x}$
(2) $y=\dfrac{320}{x}$에 $x=8$을 대입하면 $y=\dfrac{320}{8}=40$
(3) $y=\dfrac{320}{x}$에 $y=32$를 대입하면
$32=\dfrac{320}{x}$ $\quad\therefore x=10$

07 (1) y가 x에 반비례하므로 $y=\dfrac{a}{x}$라 하고 $x=5$, $y=12$를 대입하면 $12=\dfrac{a}{5}$ $\quad\therefore a=60$
$\therefore y=\dfrac{60}{x}$
(2) $y=\dfrac{60}{x}$에 $x=4$를 대입하면 $y=\dfrac{60}{4}=15$
(3) $y=\dfrac{60}{x}$에 $y=30$을 대입하면 $30=\dfrac{60}{x}$ $\quad\therefore x=2$

08 (1) y가 x에 반비례하므로 $y=\dfrac{a}{x}$라 하고 $x=4$, $y=25$를 대입하면 $25=\dfrac{a}{4}$ $\quad\therefore a=100$
$\therefore y=\dfrac{100}{x}$
(2) $y=\dfrac{100}{x}$에 $x=5$를 대입하면 $y=\dfrac{100}{5}=20$
(3) $y=\dfrac{100}{x}$에 $y=10$을 대입하면
$10=\dfrac{100}{x}$ $\quad\therefore x=10$

ACT+ 45 120~121쪽

02 $y=ax$에 $x=2$, $y=-4$를 대입하면
$-4=a\times2$ $\quad\therefore a=-2$
$y=\dfrac{b}{x}$에 $x=2$, $y=-4$를 대입하면
$-4=\dfrac{b}{2}$ $\quad\therefore b=-8$

04 $y=3x$에 $x=2$를 대입하면
$y=3\times2=6$
$y=\dfrac{a}{x}$에 $x=2$, $y=6$을 대입하면
$6=\dfrac{a}{2}$ $\quad\therefore a=12$

05 (1) (거리)=(속력)×(시간)이므로 $y=80x$
(2) $y=80x$에 $x=3$을 대입하면
$y=80\times3=240$
(3) $y=80x$에 $y=400$을 대입하면
$400=80x$ $\quad\therefore x=5$

06 (1) (거리)=(속력)×(시간)이므로 $y=600x$
(2) $y=600x$에 $x=15$를 대입하면
$y=600\times15=9000$
(3) $y=600x$에 $y=3000$을 대입하면
$3000=600x$ $\quad\therefore x=5$

07 (1) (시간)=$\dfrac{(\text{거리})}{(\text{속력})}$이므로 $y=\dfrac{360}{x}$
(2) $y=\dfrac{360}{x}$에 $x=90$을 대입하면 $y=\dfrac{360}{90}=4$
(3) $y=\dfrac{360}{x}$에 $y=6$을 대입하면
$6=\dfrac{360}{x}$ $\quad\therefore x=60$

08 (1) (시간)=$\dfrac{(\text{거리})}{(\text{속력})}$이고 2.4 km=2400 m이므로
$y=\dfrac{2400}{x}$
(2) $y=\dfrac{2400}{x}$에 $x=80$을 대입하면 $y=\dfrac{2400}{80}=30$
(3) $y=\dfrac{2400}{x}$에 $y=40$을 대입하면
$40=\dfrac{2400}{x}$ $\quad\therefore x=60$

TEST 07 122~123쪽

01 ② B(1, −2)

02 x축 위의 점은 y좌표가 0이므로
$a+2=0$ $\quad\therefore a=-2$

03 ① $(a,\ b)$ ➡ $(-,\ +)$ ➡ 제2사분면
② $(-a,\ b)$ ➡ $(+,\ +)$ ➡ 제1사분면
③ $(-a,\ -b)$ ➡ $(+,\ -)$ ➡ 제4사분면
④ $(a,\ -b)$ ➡ $(-,\ -)$ ➡ 제3사분면
⑤ $(b-a,\ ab)$ ➡ $(+,\ -)$ ➡ 제4사분면
따라서 제3사분면 위의 점은 ④이다.

04 y축에 대하여 대칭인 점은 x좌표의 부호만 반대이므로
$a+1=-4$, $-2=b$ $\quad\therefore a=-5$, $b=-2$
$\therefore ab=10$

05 세 점 $\mathrm{A}(-2, 2)$, $\mathrm{B}(-2, -3)$, $\mathrm{C}(4, 2)$를 좌표평면 위에 나타내면 오른쪽 그림과 같다.

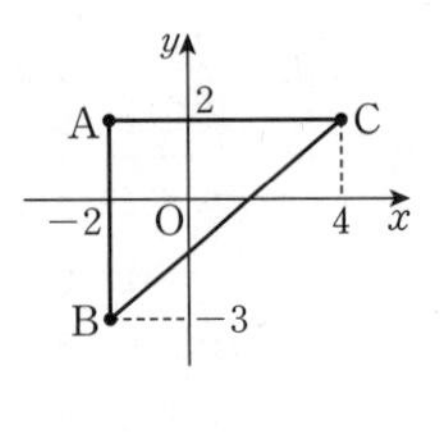

따라서 삼각형 ABC의 넓이는
$\frac{1}{2}\times\{4-(-2)\}\times\{2-(-3)\}$
$=\frac{1}{2}\times 6\times 5=15$

06 $y=ax$라 하고 $x=3$, $y=-12$를 대입하면
$-12=3a$ $\quad\therefore a=-4$
따라서 $y=-4x$에 $y=20$을 대입하면
$20=-4x$ $\quad\therefore x=-5$

07 A와 B에서 수면의 반지름의 길이가 각각 일정하므로 물의 높이는 각 부분에서 일정하게 증가한다. 이때 A에서의 수면의 반지름의 길이가 B에서의 수면의 반지름의 길이보다 짧으므로 물의 높이가 B에서는 천천히 증가하다가 A에서는 빠르게 증가한다.
따라서 알맞은 그래프는 ㉡이다.

08 ⑤ $y=\frac{4}{5}x$에 $x=-4$, $y=-5$를 대입하면
$-5\neq\frac{4}{5}\times(-4)$ ➡ 그래프 위의 점이 아니다.
따라서 그래프 위의 점이 아닌 것은 ⑤이다.

09 ① 원점을 지난다.
② $y=-3x$에 $x=-2$, $y=-6$을 대입하면
$-6\neq(-3)\times(-2)$
즉, 점 $(-2, -6)$을 지나지 않는다.
③ $-3<0$이므로 제2사분면과 제4사분면을 지난다.
④ $-3<0$이므로 x의 값이 증가하면 y의 값은 감소한다.
⑤ $|-3|<|4|$이므로 $y=4x$의 그래프가 y축에 더 가깝다.
따라서 옳은 것은 ③이다.

10 $y=ax$에 $x=-3$, $y=-6$을 대입하면
$-6=-3a$ $\quad\therefore a=2$
따라서 $y=2x$에 $x=k$, $y=8$을 대입하면
$8=2k$ $\quad\therefore k=4$

11 (A의 톱니 수)×(A의 회전 수)
=(B의 톱니 수)×(B의 회전 수)이므로
$32x=48y$ $\quad\therefore y=\frac{2}{3}x$

13 $y=\frac{15}{x}$에 $x=a$, $y=6$을 대입하면
$6=\frac{15}{a}$ $\quad\therefore a=\frac{5}{2}$

14 $|-2|<|3|<|-4|<|8|<|-9|$이므로
원점에 가장 가까운 것은 $y=-\frac{2}{x}$의 그래프이다.

15 $y=\frac{a}{x}$라 하고 그래프가 점 $(-3, 6)$을 지나므로
$x=-3$, $y=6$을 대입하면
$6=\frac{a}{-3}$ $\quad\therefore a=-18$
$y=-\frac{18}{x}$의 그래프가 점 $(k, -9)$를 지나므로
$x=k$, $y=-9$를 대입하면
$-9=-\frac{18}{k}$ $\quad\therefore k=2$

16 점 $\mathrm{P}\left(k, \frac{a}{k}\right)$라고 하면
(직사각형 OAPB의 넓이)$=k\times\frac{a}{k}=a$
$\therefore a=20$

17 (1) (삼각형의 넓이)$=\frac{1}{2}\times$(밑변의 길이)$\times$(높이)이므로
$24=\frac{1}{2}xy$ $\quad\therefore y=\frac{48}{x}$
(2) $y=\frac{48}{x}$에 $y=8$을 대입하면
$8=\frac{48}{x}$ $\quad\therefore x=6$

18 y가 x에 반비례하므로 $y=\frac{a}{x}$라 하고
$x=4$, $y=18$을 대입하면
$18=\frac{a}{4}$ $\quad\therefore a=72$
$y=\frac{72}{x}$에 $y=9$를 대입하면
$9=\frac{72}{x}$ $\quad\therefore x=8$

19 $y=\frac{30}{x}$에 $x=5$를 대입하면
$y=\frac{30}{5}=6$
$y=ax$의 그래프가 점 $(5, 6)$을 지나므로
$x=5$, $y=6$을 대입하면
$6=5a$ $\quad\therefore a=\frac{6}{5}$

20 집에서 공원까지의 거리는
$600\times 12=7200(\mathrm{m})$
분속 x m로 달릴 때 걸리는 시간을 y분이라고 하면
(시간)$=\frac{(\text{거리})}{(\text{속력})}$이므로 $y=\frac{7200}{x}$
$y=\frac{7200}{x}$에 $y=10$을 대입하면
$10=\frac{7200}{x}$ $\quad\therefore x=720$